Photoshop 平面设计案例教程

主　编　黄永明　朱俊彰　甘宏波
副主编　覃振豪　张雪莹　梁倩旖
　　　　　梁薇薇
参　编　苏　丽　韦莉莉　李　莹
　　　　　陈美宏　谭自励　谭东升

北京理工大学出版社
BEIJING INSTITUTE OF TECHNOLOGY PRESS

内容简介

本书通过 8 个项目全面讲解了 Photoshop 在图形图像处理方面的具体应用，分别介绍了图形图像基础知识、Photoshop 工具箱中的各工具、图层、通道与蒙版、任务自动化、滤镜、色彩与色调调整、常用菜单命令等的使用方法及其应用。本书以任务实施带动知识技能学习，边讲解边操练，学习轻松、上手容易。本书内容设计突出筑基础与强技能结合，注重读者动手能力和实际应用能力的培养；实例典型，任务明确，有利于活学活用。本书设置了 14 个工单页拓展任务，在强化技能训练的同时，实现思政贯穿和德技并修。全书配套丰富的课程资源，方便读者自学及复习。

本书可作为平面设计专业用书、社会平面设计培训班教材以及从事平面设计的广大初、中级人员的自学指导书。

版权专有 侵权必究

图书在版编目（CIP）数据

Photoshop 平面设计案例教程 / 黄永明，朱俊彰，甘宏波主编．－－北京：北京理工大学出版社，2023.6

ISBN 978-7-5763-2445-7

Ⅰ．①P… Ⅱ．①黄… ②朱… ③甘… Ⅲ．①平面设计－图像处理软件－高等学校－教材 Ⅳ．①TP391.41

中国国家版本馆 CIP 数据核字（2023）第 097294 号

责任编辑：钟　博	**文案编辑**：钟　博
责任校对：周瑞红	**责任印制**：施胜娟

出版发行 / 北京理工大学出版社有限责任公司

社　　址 / 北京市丰台区四合庄路 6 号

邮　　编 / 100070

电　　话 /（010）68914026（教材售后服务热线）

　　　　　　（010）63726648（课件资源服务热线）

网　　址 / http://www.bitpress.com.cn

版 印 次 / 2023 年 6 月第 1 版第 1 次印刷

印　　刷 / 定州市新华印刷有限公司

开　　本 / 889 mm×1194 mm　1/16

印　　张 / 16

字　　数 / 313 千字

定　　价 / 83.00 元

前言

在推动现代化经济体系与数字经济的发展过程中，数字化迅猛发展的时代促进了文化自信和科技创新的重要性，平面设计作为视觉传达的关键形式，愈发受到重视。特别是在现代商业广告、社交媒体内容、品牌形象设计和个人创作中，平面设计体现了国家对文化与创意产业的支持。随着信息的爆炸式增长，卓越的设计不仅是品牌竞争力的体现，更是展示国家形象和增强文化软实力的重要方式。Photoshop作为行业标准的图像处理软件，成为设计师们不可或缺的工具。其强大的功能助力设计师实现创新，满足市场对优质设计的需求。此外，随着绿色发展理念的推行，平面设计也开始融入环保意识，推动可持续设计的实践。这些因素共同推动了设计行业的蓬勃发展，使其在新时代中扮演更加重要的角色。

本书的出版，旨在为广大设计爱好者和专业人士提供一个系统而深入的学习平台。在本书中，我们不仅将介绍Photoshop的基本操作技能，还特别强调通过实际案例来帮助读者理解设计的理念和技巧。这种结合理论与实践的学习方式，将更有效地帮助读者掌握平面设计的精髓。

设计不仅仅是简单的图形和颜色的组合，更是一种思维方式和创造力的体现。优秀的设计作品往往能引起观众的情感共鸣，传达出深层次的信息。本书希望通过丰富的案例分析，使读者能够在实际操作中，领悟到设计背后的思考与策略。

本书案例涵盖了不同类型的设计，包括企业宣传、产品包装、海报设计等。每个案例不仅展示了最终作品，还详细记录了设计过程中的每一个步骤和决策背景。本书将从需求分析、构思草图，到具体的设计实施，逐步揭示每一环节的重要性与技巧。这种深入浅出的讲解方式，旨在让读者在学习技能的同时，能够理解设计思维的演变过程。

在现代平面设计中，创造力与技术能力同等重要，因此本书将重点介绍多种设计技巧和实用的Photoshop功能。我们将从图形图像基础知识讲起，学习Photoshop工具箱中的各工具、图层、通道与蒙版、任务自动化、滤镜、色彩与色调调整、常用菜单命令等的使用方法及其应用，帮助读者提升其设计能力，以应对更复杂的设计任务。

　　成为优秀的设计师，需要具备热情、创造力，以及足够的练习与实践。在学习的过程中，不可避免地会遇到各种挑战和挫折，但正是这些经历，塑造了设计师的思维方式与设计风格。希望本书的内容能够激励读者持续探索与创新，让每一位学习者都能在设计的道路上走得更远。

目录

项目 1　平面设计基础 ... 1

　　任务 1.1　Photoshop CC 2022 的界面操作 ... 2

　　任务 1.2　平面图案设计制作 ... 6

项目 2　图像的基础编辑方法 ... 15

　　任务 2.1　图像基本操作 ... 16

　　任务 2.2　调整图像分辨率、尺寸和画布 ... 24

　　任务 2.3　利用图像变换制作立体图案 ... 28

　　任务 2.4　将图像裁剪成合适大小 ... 33

项目 3　选区编辑 ... 35

　　任务 3.1　制作规则和不规则选区 ... 36

　　任务 3.2　羽化花朵 ... 42

　　任务 3.3　利用"边界"命令制作装饰圆环 ... 47

　　任务 3.4　使用磁性套索工具更换背景 ... 50

项目 4　路径与工具 ... 55

　　任务 4.1　绘制鼠标 ... 56

　　任务 4.2　绘制网页播放器按钮 ... 63

　　任务 4.3　制作炫彩光环效果 ... 70

项目 5　图层与图层样式 ... 81

　　任务 5.1　使用图层混合模式实现"人物变装" ... 82

任务 5.2　制作立体音符 ………………………………………………………………… 87

任务 5.3　制作火焰字 …………………………………………………………………… 99

任务 5.4　制作石头刻字效果 …………………………………………………………… 108

项目 6　图像色彩的修饰 …………………………………………………………… 113

任务 6.1　调整泛黄照片（色阶色彩）…………………………………………………… 114

任务 6.2　制作"秋天美景"效果 ……………………………………………………… 127

任务 6.3　制作"老照片翻新并上色"效果 …………………………………………… 130

项目 7　滤镜的应用 ………………………………………………………………… 141

任务 7.1　制作"雾起云涌"效果 ……………………………………………………… 142

任务 7.2　为箱子添加花纹 ……………………………………………………………… 156

任务 7.3　为人物美容 …………………………………………………………………… 160

项目 8　平面广告设计 ……………………………………………………………… 163

任务 8.1　篮球赛招贴广告设计 ………………………………………………………… 164

任务 8.2　请柬设计 ……………………………………………………………………… 174

附录　Photoshop 快捷键大全 ……………………………………………………… 180

参考文献 …………………………………………………………………………………… 184

项目 1　平面设计基础

知识目标

（1）了解 Photoshop CC 2022 的自定义工作区、工具箱、调板组的使用方法。

（2）了解 Photoshop CC 2022 的自定义工作区、工具箱、调板组的常用情景。

（3）了解 Photoshop CC 2022 的自定义工作区、工具箱、调板组的使用规则。

能力目标

能够应用 Photoshop CC 2022 的自定义工作区、工具箱、调板组进行素材处理。

素养目标

（1）培养学生的审美素养。

（2）培养学生信息无价、及时存储的意识。

任务 1.1　Photoshop CC 2022 的界面操作

任务目标

本任务以 Photoshop CC 2022 软件为例，介绍 Photoshop CC 2022 的界面操作。读者通过学习，了解自定义工作区、工具箱、调板组等的使用方法。

相关知识

1. Photoshop 简介

Photoshop 集图像编辑、网页制作、图像合成和特效制作于一身，横跨平面与多媒体设计领域，是一种全球标准的图像编辑软件。使用 Photoshop 绘制或处理后的图像颜色鲜明、形象生动，能够带给观者很好的视觉效果。

Photoshop 是优秀的图像处理编辑软件，它的应用十分广泛，如可应用于平面设计、三维动画制作和后期合成、插画设计、网页设计、数码摄影后期处理等，Photoshop 在每一个领域都发挥着不可替代的作用。

（1）在平面设计中的应用。Photoshop 的出现不仅引发了印刷业的技术革命，也成为图像处理领域的行业标准。在平面设计与制作中，Photoshop 已经渗透到了平面广告、包装、海报、POP、书籍装帧、印刷、制版等各个环节。

（2）在插画设计中的应用。计算机艺术插画作为 IT 时代的先锋视觉表达形式之一，其触角延伸到了网络、广告、CD 封面甚至 T 恤，插画已经成为新文化群体表达文化意识形态的利器。使用 Photoshop 可以绘制风格多样的插画。

（3）在数码摄影后期处理中的应用。作为强大的图像处理软件，Photoshop 可以完成从照片的扫描与输入，到校色、图像修正，再到分色输出等一系列专业化的工作。不论是色彩与色调的调整，照片的校正、修复与润饰，还是图像创造性的合成，在 Photoshop 中都可以找到最佳的解决方法。

（4）在网页设计中的应用。随着 Internet 的流行，网页设计变得越来越重要。人们通常先用 Photoshop 生成精美的图片，然后放入网页编辑软件中进行合成而得到精美的网页。

（5）在三维动画制作和后期合成中的应用。由于电影、电视和游戏越来越多地使用三维动画，三维动画软件已经成为软件行业中发展最快的一个分支。不管哪一种三维动画软件都离不开 Photoshop，因为它们需要 Photoshop 来制作贴图和进行后期合成。

2. Photoshop CC 2022 的自定义工作区

Photoshop CC 2022 预设了多款工作区样式，用户可直接选择"窗口"→"工作区"命令，在下拉菜单中选择所需的工作区样式，如图 1-1 所示。

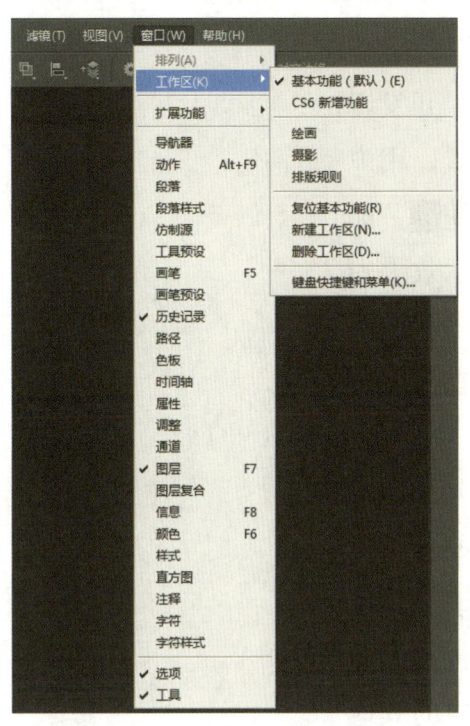

图 1-1 选择工作区样式

另外，通过选择"编辑"→"首选项"→"界面"命令，可在打开的"首选项"对话框中选择是否自动显示隐藏面板、是否显示工具提示等，如图 1-2 所示。

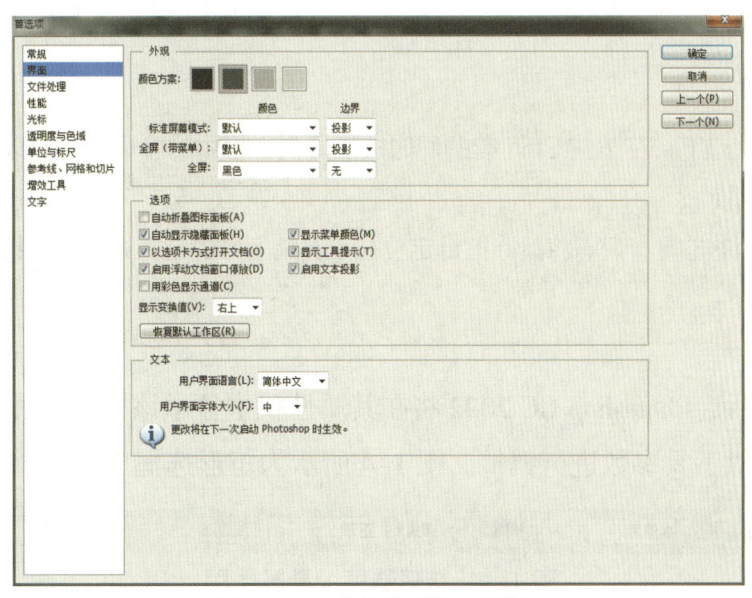

图 1-2 "首选项"对话框

> **提示**
>
> 自定义工作区后，可在"工作区"下拉菜单中选择"存储工作区"命令，对工作区进行存储，以方便下次直接调用。

3. Photoshop CC 2022 的工具箱操作

在 Photoshop CC 2022 中，为了能让用户拥有更大的工作区域，开发者将工具箱设计为可折叠的形式，用户只需单击顶部的双向箭头按钮，即可将工具箱在单排和双排显示效果间进行切换，如图 1-3 所示。在默认状态下，工具箱以单排形式放置在工作界面的左侧。

Photoshop CC 2022 的工具箱中包含 50 多种工具。某些工具图标的右下角有一个三角符号，表示在该工具位置上存在一个工具组，其中包括了若干相关工具。要选择工具组中的其他工具，可在该工具图标上按住鼠标左键不放，在弹出的工具列表框中选择相应工具。

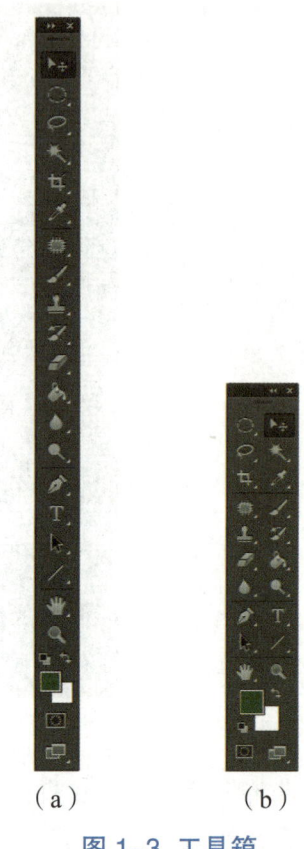

（a） （b）

图 1-3 工具箱
（a）单排；（b）双排

> **提示**
>
> 在英文输入法状态下，在按住 Shift 键的同时按工具列表框中的字母键，可以在该组工具中的不同工具间进行交替切换。
>
> 若要移动工具箱的位置，只需将鼠标指针定位在工具箱上方的空白处，然后按住鼠标左键并拖动鼠标即可。

选择某个工具后，Photoshop CC 2022 将在其属性栏中显示该工具的相应参数，用户可以通过该工具属性栏对工具参数进行调整。图 1-4 所示为矩形选框工具属性栏。

图 1-4 矩形选框工具属性栏

4. Photoshop CC 2022 的调板操作

在 Photoshop CC 2022 中，调板位于程序窗口右侧，如图 1-5 所示。它们浮动于图像的上方，不会被图像所覆盖。其主要功能是观察编辑信息，选择颜色以及管理图层、路径和历史记录等。

另外，如果用户想要关闭或打开某个调板，在"窗口"菜单中选择相应选项即可，如图 1-6 所示。

图 1-5 调板　　　　　　　　　图 1-6 打开/关闭调板

> **提示**
>
> 按"Shift+Tab"组合键，可以在保留工具箱的情况下显示或隐藏所有调板。

Photoshop CC 2022 中的调板不但可以隐藏、伸缩、移动，还可以被任意拆分和组合。

要拆分调板，只需将鼠标指针移至某个调板标签上，按住鼠标左键将其拖动到其他位置，即可将该调板拆分成一个独立的调板；要将一个独立的调板移回调板组，只需将其拖动到调板组中即可。需要注意的是，重新组合的调板只能添加在其他调板的后面。

要恢复已经分离和组合的调板到其默认位置，还有另外一种方法，那就是选择"窗口"→"工作区"→"复位调板位置"命令。

练习巩固

（1）Photoshop 的主要应用领域有哪些？

（2）Photoshop 的最新版本是哪个？它有哪些新功能？

任务1.2 平面图案设计制作

任务目标

通过绘制圆和圆环,学习填充、描边命令的运用,制作平面设计图案,效果如图1-7所示。

图1-7 平面设计图案效果

相关知识

1. Photoshop 在平面设计中的应用

Photoshop 的出现不仅引发了印刷业的技术革命,也成为图像处理领域的行业标准。在平面设计与制作中,Photoshop 已经渗透到了平面广告、包装、海报、POP、书籍装帧、印刷、制版等各个环节。

2. 平面构成

1)平面构成的元素

概念是一种思维形式,概念元素只存在于人们的意念之中,人眼不可见。点、线、面、体本身并无实际意义,只有通过设计师的运用后才有实际的效果,如图1-8所示。

图1-8 点、线、面、体的运算

形状、大小、色彩、肌理是视觉要素,是平面设计中最主要的部分,上面所说的概念元素必须通过它们才能体现出来,如图1-9所示。

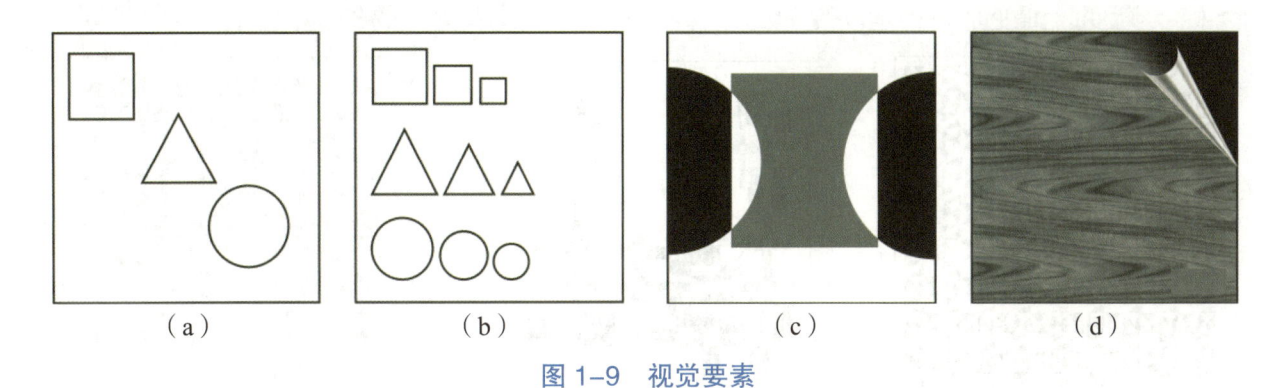

图 1-9 视觉要素
(a)形状;(b)大小;(c)色彩;(d)肌理

在白纸上随意的一点或一画,无论再细小,都一定有其形状、大小、色彩和肌理,这就是形象,它是可见的。形象可以分为:点的形象、线的形象、面的形象、正负形象(图的反转)、形象与色彩的配置、形象与形象之间的关系(分离、接触、联合、减缺、覆叠、透视、差叠、套叠),如图1-10所示。

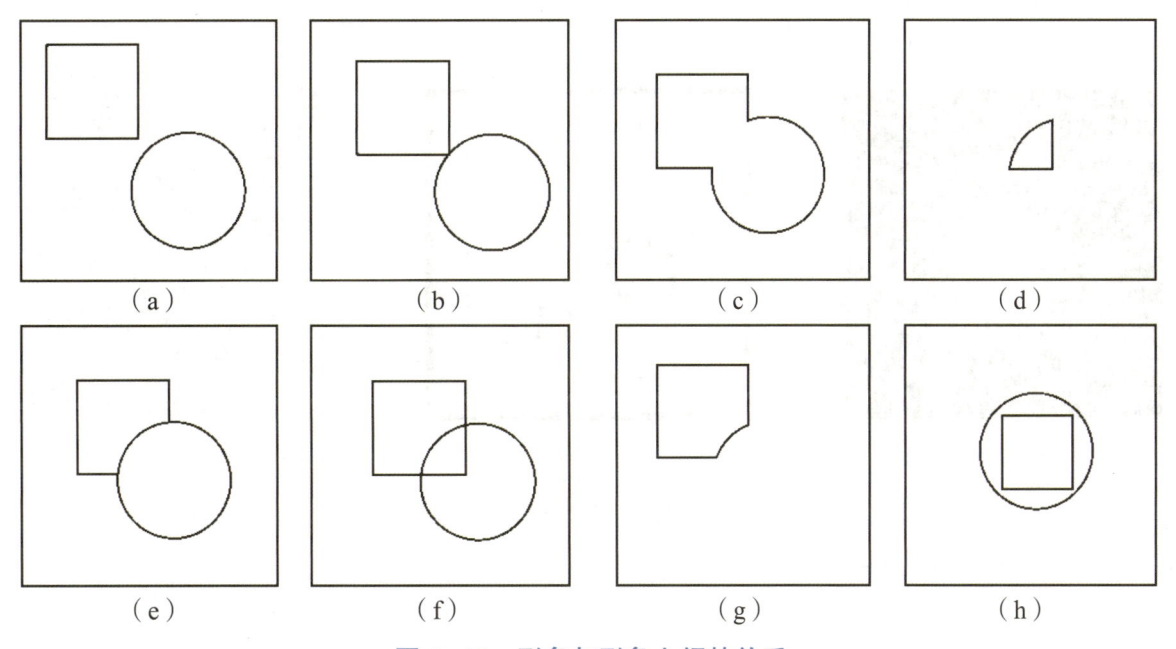

图 1-10 形象与形象之间的关系
(a)分离;(b)接触;(c)联合;(d)减缺;(e)覆叠;(f)透视;(g)差叠;(h)套叠

2)平面构成的基本形式

平面构成的基本形式如下。

(1)重复。重复是最基本的构成表现形式。在平面构成中,相同的形象出现两次或两次以上就是重复,它能够使图像产生整齐的美感,起到加强的作用,如图1-11所示。

（2）近似。重复构成的轻度变异就是近似，它可以消除重复构成的单调作用，如图1-12所示。

（3）渐变。渐变是一种运动变化的规律，它可以形成视觉上的幻觉，如图1-13所示。

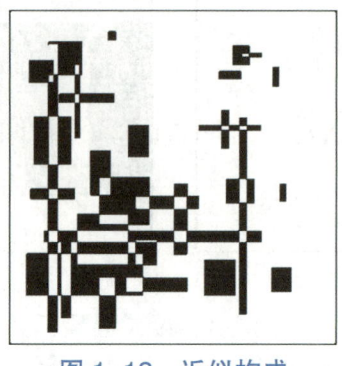

图1-11　重复构成　　　　　图1-12　近似构成　　　　　图1-13　渐变构成

（4）发射。发射是特殊的重复和渐变，其形象环绕着一个或几个中心点，日常生活中太阳光、菊花瓣等就是典型的发射构成，如图1-14所示。

（5）变异。变异是规律的突变，它必须在保证整体规律的前提下，使小部分与整体秩序不合，但又与规律关联，此小部分称作变异，如图1-15所示。

（6）对比。对比又称为对照，是将差异较大的两个要素配合在一起，使两者产生的对照更加强烈，如图1-16所示。

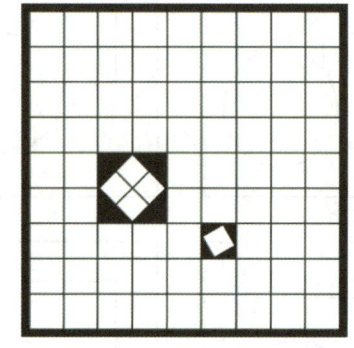

图1-14　发射构成　　　　　图1-15　变异构成　　　　　图1-16　对比构成

（7）结集。结集设计基本形在框架内，随意散布，稀疏稠密不匀，无规律可循。结集主要追求疏密节奏，如图1-17所示。

（8）空间。在平面构成中，空间其实只是给人的一种感觉，其实质还是平面，如图1-18所示。

（9）肌理。任何形象表面的纹理都可称作肌理，平面设计所研究的肌理是有一定审美价值的，如图1-19所示。

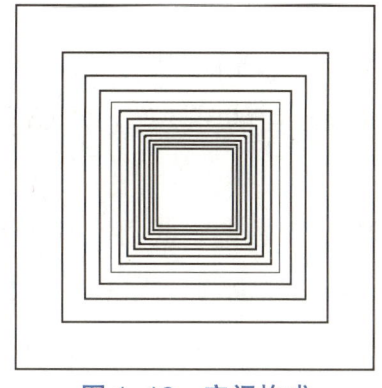

图 1-17　结集构成　　　　图 1-18　空间构成　　　　图 1-19　肌理构成

3. 色彩概述

1）色彩的产生

色彩是通过物体透射光线和反射光线体现出来的。透射光线的色彩由物体所能透过的光线的多少、波长决定，如显示器的色彩是通过屏幕显示的；反射光线所体现的色彩由物体反射光线的多少、波长及吸收光线的波长决定，如书本上图案的色彩、衣服上的色彩是由反射光线决定的。

可以说，没有光就没有色彩，不同的光产生不同的色彩。光谱中的色彩以红、橙、黄、绿、蓝、靛、紫为基本色。

2）色彩的三要素

色相、明度、纯度为色彩的三要素，又称为三属性。一个色彩必然同时具备这三个属性。

（1）色相：特指色彩所呈现的面貌，它是色彩最重要的特征，是区分色彩的重要依据。红、橙、黄、绿、蓝、靛、紫的光谱为基本色相，而且形成一种秩序。

（2）明度：指色彩本身的明暗程度，有时又称为亮度，每个色相加入白色可提高明度，加入黑色则降低明度。

（3）纯度：指色彩的饱和度，色彩达到饱和状态，即达到高纯度。

黑、白、灰三色归为无彩色系，白色明度最高，黑色明度最低，黑色与白色之间为灰色，如图 1-20 所示。

图 1-20　黑、灰、白

3）色调

色调是指色彩外观的重要特征和基本倾向。它是由色彩的色相、明度、纯度三要素的综合运用形成的，其中某种因素起主导作用的，就称为某种色调。一般从以下3个方面对色调加以区分。

（1）从明度上分明色调（高调）、暗色调（低调）、灰色调（中调）。

（2）从色相上分红色调，黄色调，绿色调，蓝色调，紫色调，红、黄、蓝色调。

（3）从纯度上分清色调（纯色加白色或黑色）、浊色调（纯色加灰色）。

4）色彩与心理

色彩本身只由不同波长的光线而产生，不涉及情感和心理。但人们的性别、年龄、性格、气质、民族、爱好、习惯、文化背景、环境、宗教信仰、审美情趣和心理联想等为色彩赋予了感情，并由此引发出色彩的象征及对不同色彩的偏爱与禁忌，从而有了色彩心理学。

色彩是现代设计的情感语言之一。色彩情感不是设计者的主观意识的任意发挥，而是客观意识的正确反应。人类对色彩的联想有极大的共性，如表1-1所示。

表1-1 色彩的联想

色彩	具象联想	抽象联想	情绪反应
红色	火焰、太阳、血、红旗	热烈、暖和、吉祥	热情、喜庆、恐怖
橙色	橙子、稻谷、霞光	华丽、积极、暖和	激动、兴奋、愉快
黄色	柠檬、香蕉、皇宫、黄金	明快、活泼、华贵、权力、颓废、浅薄	憧憬、快乐、自豪
绿色	植物、小草、橄榄枝	生命、青春、健康、和平、新鲜	平静、安慰、希望
蓝色	天空、海洋	冷、纯洁、卫生、智慧、幽灵	压抑、冷漠、忧愁
紫色	葡萄、茄子、花	高贵、优雅、神秘、病死	痛苦、不安、恐怖、失望
白色	冰雪、白云、纸	明亮、卫生、朴素、纯洁、神圣、死亡	畅快、忧伤
黑色	夜晚、煤、头发、丧服	阴森、死亡、休息、严肃、阴谋、罪恶	恐怖、烦恼、消极、悲痛
灰色	阴天、水泥	平淡、单调、衰败、毫无生气	消极、枯燥、低落、绝望

色彩的轻重、冷暖受心理因素影响，与实际质量、温度无直接关系。它只是一种对比感觉而已。暖色有红色、橙色等；冷色有蓝色、绿色、黑色、白色等；中性色有黄色、紫色、灰色等。轻色有高明度的色和白色；重色有低明度的色和黑色。

5)色彩模式

在实际应用中,色彩模式主要有以下几种。

(1) RGB 色彩模式。RGB 色彩模式是屏幕显示的最佳模式,它由 3 种基本色彩组成:R(红)、G(绿)、B(蓝)。在屏幕上出现的色彩都是由改变这 3 种基本色彩的比例值形成的。

(2) CMYK 色彩模式。CMYK 色彩分别表示 Cyan(青)、Magenta(洋红)、Yellow(黄)、Black(黑),在印刷中代表 4 种色彩的油墨。CMYK 色彩模式是用于制作高质量彩色出版物的印刷油墨的色彩模式。

注意:用于印刷的图像用 CMYK 色彩模式编辑虽然能够避免色彩的损失,但运算速度很慢。因此,建议先用 RGB 色彩模式进行编辑工作,再用 CMYK 色彩模式进行打印工作,在打印前进行转换,然后加入必要的色彩校正、锐化和修整,这样可节省很多编辑时间。

(3) Lab 色彩模式。Lab 色彩模式是一种独立于设备存在的色彩模式,不受任何硬件性能的影响。Lab 色彩模式中的数值描述正常视力的人能够看到的所有色彩。由于其能表现的色彩范围最大,所以在 Photoshop 中,Lab 色彩模式是从一种色彩模式转换为另一种色彩模式的中间形式。

(4) 灰度模式。灰度模式在图像中使用不同的灰度级。在 8 位图像中,最多有 256 级灰度。灰度图像中的每个像素都有一个 0(黑色)~255(白色)范围内的亮度值。要将彩色图像转换为高品质的黑白图像,Photoshop 会抛弃原图像中所有的色彩信息,被转换像素的灰度级(色度)表示原像素的亮度。

实现步骤

(1)启动 Photoshop CC 2022 程序,选择"文件"→"新建"命令,在弹出的"新建"对话框中设置"名称"为"图案","宽度"为 500 像素,"高度"为 250 像素,"分辨率"为 72 像素/英寸(1 英寸 =2.54 厘米),"颜色模式"为"RGB 颜色","背景内容"为"白色",如图 1-21 所示。设置完成后单击"确定"按钮,创建一个新文件。

图 1-21 新建文件

> **提示**
>
> 根据印刷制版要求，色彩模式应为 CMYK 色彩模式，但因为在 CMYK 色彩模式下很多滤镜功能不能使用，所以一般在 RGB 色彩模式下编辑图像，制作完成后再将色彩模式转换成 CMYK 色彩模式。

（2）按"Ctrl+R"组合键显示标尺。在窗口中拖动出十字叉形的辅助线，如图 1-22 所示。

图 1-22　辅助线

（3）单击"图层"调板中的"创建新图层"按钮，新建"图层 1"。选择椭圆选框工具，按住"Shift+Alt"组合键并拖动鼠标，以十字叉形辅助线的交点为中心点绘制圆形选区，如图 1-23 所示。

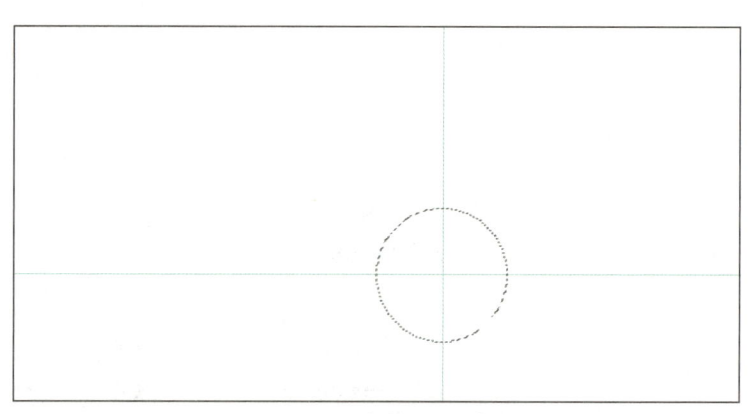

图 1-23　绘制圆形选区

> **提示**
>
> 按住 Shift 键，然后使用椭圆选框工具拖动光标，可以创建一个圆形选区；按住 Alt 键并拖动鼠标，可以创建以起点为中心的椭圆选区；按住"Shift+Alt"组合键并拖动鼠标，可以创建一个以起点为中心的圆形选区。

（4）将前景色设置为浅蓝色（#b6d45a），选择油漆桶工具并单击选区，将其填充为浅蓝色，效果如图1-24所示。

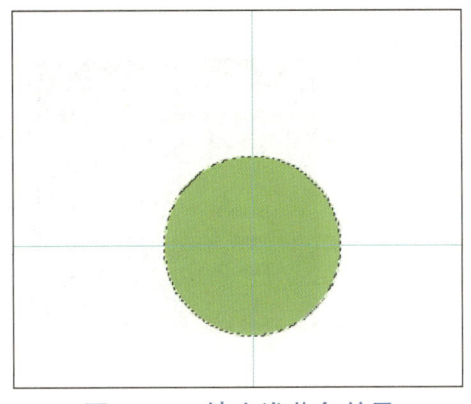

图1-24 填充浅蓝色效果

（5）用同样的方法，在视图中绘制圆形选区，并将前景色设置为草绿色（#7abb45），选择"编辑"→"描边"命令，在弹出的"描边"对话框中设置"宽度"为"8像素"，如图1-25所示，单击"确定"按钮，效果如图1-26所示。

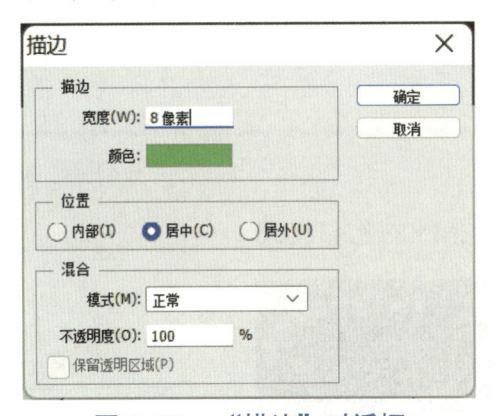

图1-25 "描边"对话框

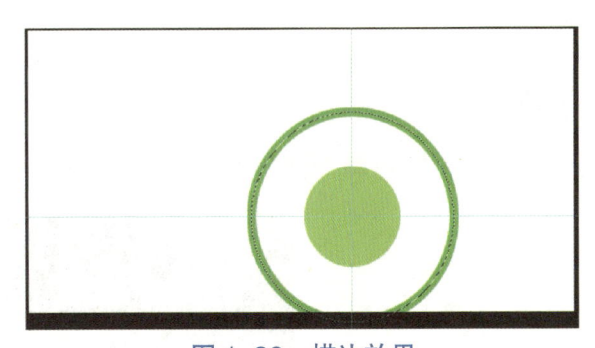

图1-26 描边效果

（6）用同样的方法制作另一个圆环，设置描边颜色为浅草绿色（#89c443），效果如图1-27所示。

（7）单击"图层"调板中的"创建新图层"按钮，新建"图层2"。选择椭圆选框工具，在视图窗口中绘制圆形选区，并填充颜色为深绿色（#446a31），效果如图1-28所示。

图1-27 描边效果

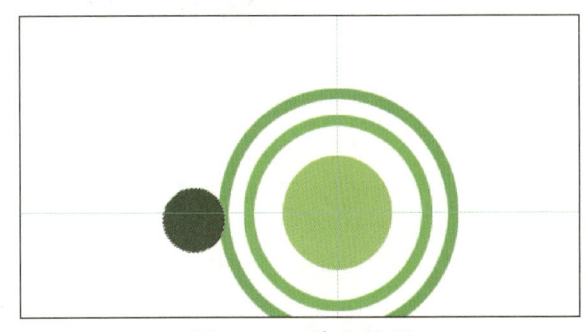

图1-28 填充效果

（8）用同样的方法绘制圆形，如图 1-29 所示，然后将该圆"图层 3"调整到"图层 1"下面、"背景"上面，如图 1-30 所示，按"Ctrl+D"组合键，取消选区，效果如图 1-31 所示。

图 1-29　绘制圆形　　　　图 1-30　调整图层　　　　图 1-31　取消选区效果

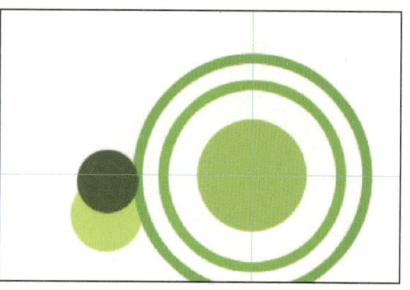

提示

通过调整图层次序，可改变图形的显示效果。

（9）以同样的方法制作其他圆形、圆环即可，注意调整其图层关系。

练习巩固

原始素材如图 1-32 所示，要求将图像转换为 CMYK 色彩模式。

图 1-32　原始素材

项目 2
图像的基础编辑方法

知识目标

（1）掌握新建、打开、关闭、保存图像的方法。

（2）掌握改变图像分辨率、尺寸、画布大小的方法。

能力目标

（1）能够使用图像变化功能实现图像编辑。

（2）能够根据画面需求，将图像裁剪为合适大小。

素养目标

（1）培养学生严谨、细致的工作态度。

（2）培养学生精益求精的工匠精神。

任务 2.1　图像基本操作

任务目标

图像基本操作包括图像文件的新建、打开、保存、关闭、置入、导出、恢复、撤销和编辑等。本任务要求在 Photoshop CC 2022 中打开一张之前已经保存好的图片。

相关知识

1. 新建图像文件

在 Photoshop CC 2022 的工作界面中（如图 2-1 所示），系统提供了一个工具箱和多个调板。在选中某个工具后，可以利用工具属性栏快速设置该工具的属性。

图 2-1　Photoshop CC 2022 的工作界面

如果要在工作界面中进行图像编辑，需要先新建一个文件。新建文件的方法有以下 3 种。

（1）命令：选择"文件"→"新建"命令。

（2）快捷键1：按"Ctrl+N"组合键。

（3）快捷键2：按住Ctrl键的同时，在工作区的灰色空白区域处双击。

使用上述任何一种方法，都将会弹出"新建"对话框，如图2-2所示。

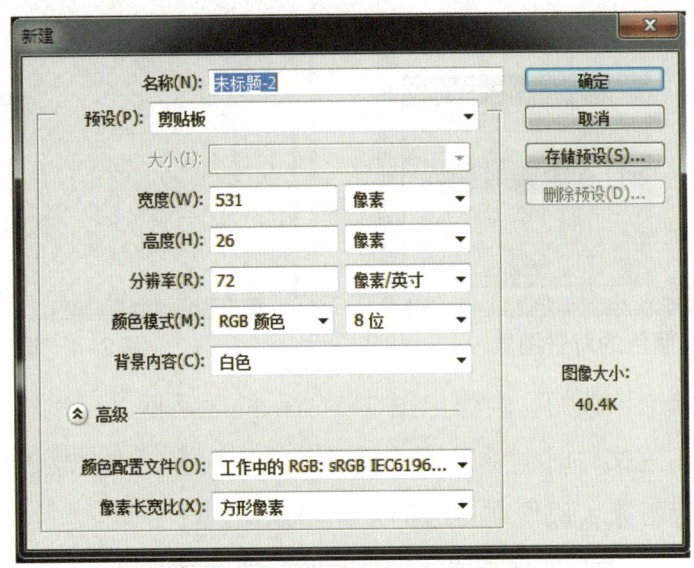

图2-2 "新建"对话框

"新建"对话框中各主要选项的含义如下。

（1）名称：在该文本框中可以输入新文件的名称。

（2）预设：在该下拉列表框中可以选择预设的文件尺寸，其中有系统自带的10种设置。选择相应的选项后，"宽度"和"高度"数值框中将显示该选项的系统默认宽度与高度的数值；如果选择"自定义"选项，则可以直接在"宽度"和"高度"数值框中输入所需要的文件尺寸。

（3）分辨率：该数值是一个非常重要的参数，在文件的高度和宽度不变的情况下，分辨率越高，图像越清晰。

（4）颜色模式：在该下拉列表框中可以选择新建文件的色彩模式，通常选择"RGB颜色"选项；如果创建的图像文件用于印刷，可以选择"CMYK颜色"选项。

> **提示**
>
> 如果创建的图像文件用于印刷，设置的分辨率最好不低于300像素/英寸；如果新建文件仅用于屏幕浏览或网页设置，设置的分辨率一般为72像素/英寸。

（5）背景内容：该下拉列表框用于设置新建文件的背景，选择"白色"或"背景色"选项时，创建的文件是带有颜色的背景图层，如图2-3所示；如果选择"透明"选项，则文件呈透明状态，并且没有背景图层，只有一个"图层1"，如图2-4所示。

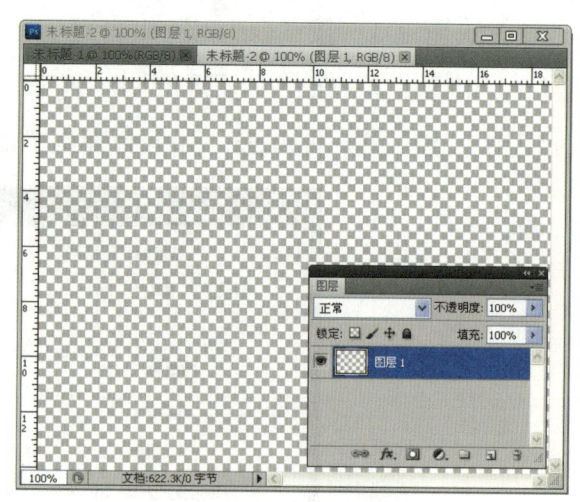

图 2-3　带有颜色的背景图层　　　　　图 2-4　透明图层

（6）存储预设：单击该按钮，会弹出图 2-5 所示的对话框，可以将当前设置的参数保存为预设选项，在下次新建文件时，可以从"预设"下拉列表框中直接调用，此方法特别适合将常用的文件尺寸保存下来，以便在日后的工作中调用。

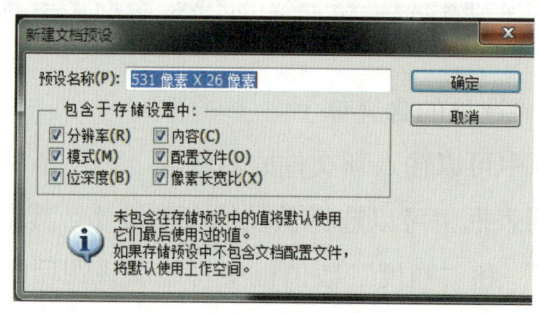

图 2-5　"新建文档预设"对话框

2. 打开与关闭图像文件

1）打开图像文件

用户可以直接使用菜单命令打开图像文件，选择"文件"→"打开"命令，将弹出"打开"对话框。该对话框中各主要选项的含义如下。

（1）查找范围：在该下拉列表框中可以选择欲打开文件的路径。

（2）按钮组：这些按钮位于"查找范围"下拉列表框右侧，单击"向上一级"按钮，可向上返回一级；单击"向上一级"按钮后，按钮呈可用状态，单击按钮可转到已访问的上一个文件夹；单击"创建文件夹"按钮，可在下方的文件列表框中新增一个文件夹；单击"查看"按钮，弹出下拉菜单，在其中可以选择文件的查看方式，如选择"详细信息"命令，文件列表框中的文件就会以详细信息的形式显示。

（3）文件名：在文件列表框中选择需要打开的文件，则该文件的名称会自动显示在"文件名"下拉列表框中。单击"打开"按钮，或双击该文件，或按 Enter 键，即可打开所选的文件。

如果要同时打开多个文件，可以按住 Shift 或 Ctrl 键不放，用鼠标在"打开"对话框中选择要打开的文件，然后单击"打开"按钮即可。

（4）文件类型：在该下拉列表框中选择所要打开文件的格式。如果选择"所有格式"选项，则会显示该文件夹中的所有文件，如果只选择任意一种格式，则只会显示以此格式存储的文件，例如：选择 Photoshop（*.PSD；*.PDD）格式，则文件窗口中只会显示以 Photoshop 格式存储的文件。

另外，选择"文件"→"最近打开文件"命令，在弹出的级联菜单中可显示最近打开或编辑的文件，如图 2-6 所示。单击文件名称，即可打开该文件。

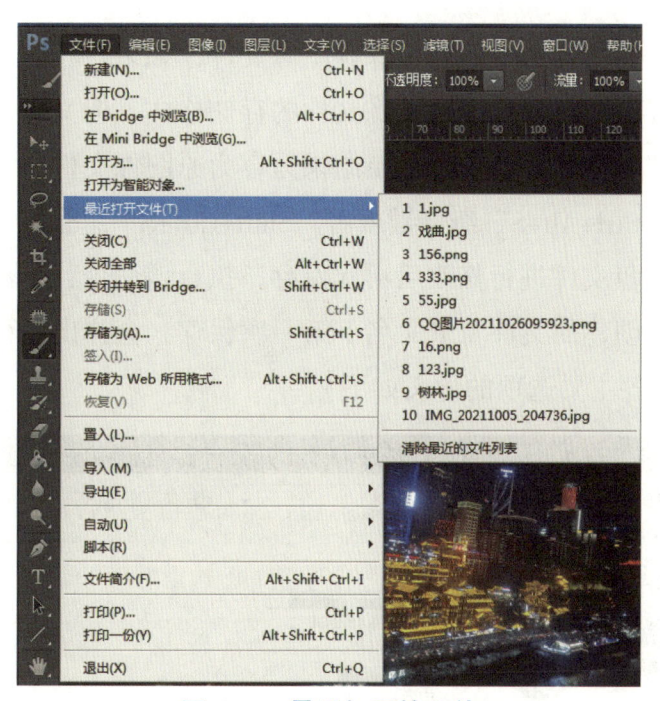

图 2-6 最近打开的文件

除了使用上述方法，用户还可以通过选择"文件"→"浏览"命令、选择"文件"→"打开为"命令、选择"文件"→"打开智能对象"命令打开图像文件。

2）关闭图像文件

当编辑和处理完图像文件并对其进行保存后，就可以关闭图像窗口，其步骤如下。

（1）选择"文件"→"关闭"命令，或者按"Ctrl+W"组合键、按"Ctrl+F4"组合键或单击图像窗口右上角的 ✖ 按钮等。

（2）如果文件进行过编辑但没有存储，就会弹出图 2-7 所示的信息提示对话框，询问是否进行存储。单击"是"按钮，文件就会被存储；单击"否"按钮，文件就会维持上一次存储的状态；单击"取消"按钮，文件就不会被关闭，而维持当前的状态。

图 2-7 信息提示对话框

> **提示**
>
> （1）要一次打开多个图像文件，可配合使用 Ctrl 键或 Shift 键来实现。
>
> （2）要打开一组连续的图像文件，只需在单击要选定的第一个图像文件后，按住 Shift 键单击最后一个要打开的图像文件，并单击"打开"按钮即可。
>
> （3）要打开一组不连续的文件，只需在单击要选定的第一个图像文件后，按住 Ctrl 键单击其他图像文件，并单击"打开"按钮即可。

3. 保存图像文件

选择"文件"→"存储"命令，即可保存图像文件，如果打开一个图像文件，对其进行编辑处理后，需要保存最新结果或改变图像文件的存储格式，但又想保留原图像文件，这时可以选择"文件"→"存储为"命令将最新结果另存为原图像文件的一个副本。也可以通过按"Ctrl+S"组合键、"Ctrl+Alt+S"组合键或者"Shift+Ctrl+S"组合键保存图像文件。

如果是对原有的磁盘文件进行修改后再次保存，执行该命令，将覆盖原文件而保存本次修改的结果；如果是新创建的文件（未命名）第一次保存，会弹出"存储为"对话框，如图 2-8 所示。该对话框中各主要选项的含义如下。

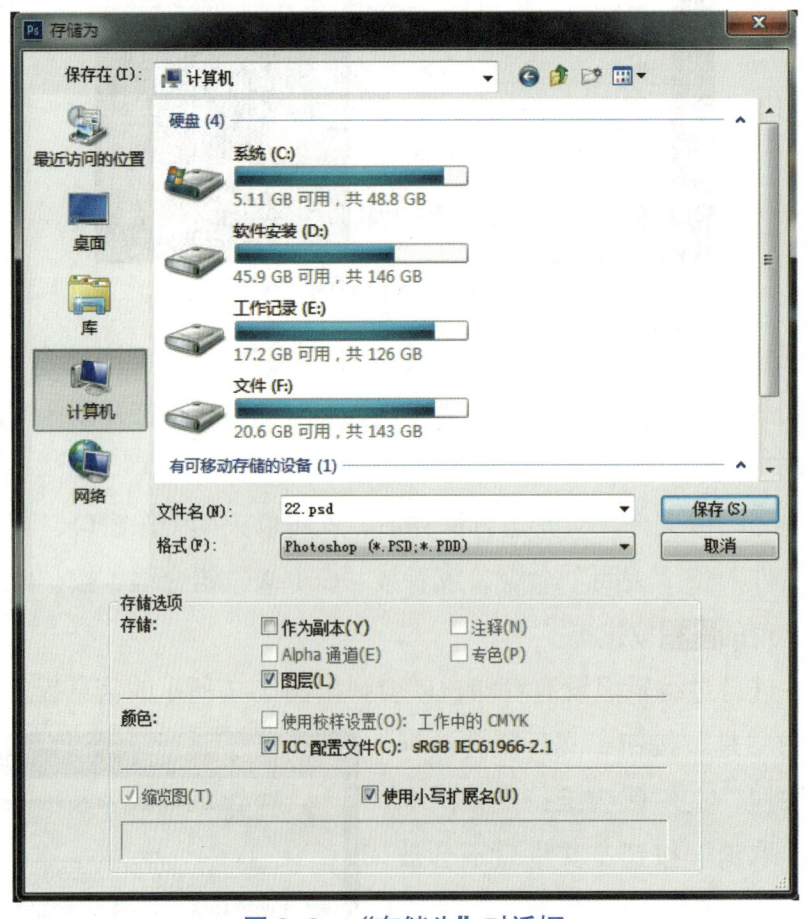

图 2-8 "存储为"对话框

（1）作为副本：勾选该复选框，可保存副本文件作为备份。以副本方式保存文件后，仍可继续编辑原文件。

（2）图层：勾选该复选框，图像中的图层将分层保存；取消勾选该复选框，在复选框的底部会显示警告信息，并将所有图层进行合并保存。

（3）使用校样设置：用于决定是否使用检测 CMYK 图像溢色功能。该复选框仅在选择 PDF 格式的文件时才生效。

（4）ICC 配置文件：勾选该复选框，可保存 ICC Profile（ICC 概貌）信息，使图像在不同显示器中所显示的色相一致。该设置仅对 PSD、PDF、JPEG、AI 等格式的图像文件有效。

> **提 示**
>
> Photoshop CC 2022 能够打开并导入多种格式的文件，也可以将处理完成的文件输出为不同的格式。
>
> （1）PSD 格式是 Photoshop 默认的文件格式。PSD 格式支持所有 Photoshop 软件功能，也是唯一支持所有图像模式的文件格式。这种格式可以存储 Photoshop 文件中的所有图层、图层效果、Alpha 通道、参考线、剪贴路径及色彩模式等信息。
>
> PSD 格式在保存时会经过压缩，但与其他文件格式相比，PSD 格式的文件要大很多。因为它存储了所有原图像的信息，编辑修改很方便，所以在图像编辑过程中，最好将图像存储为 PSD 格式，图像作品处理完成后，再转换为其他格式的文件。
>
> （2）BMP 格式是 Windows 系统的标准图像文件格式。BMP 格式支持 RGB、索引颜色、灰度和位图色彩模式，不支持 Alpha 通道。
>
> （3）TIFF（Tagged Image File Format）格式用于在应用程序和计算机平台之间交换文件，是一种灵活的位图图像格式，受几乎所有的绘画、图像编辑和页面排版应用程序的支持，几乎所有的扫描仪都可以产生 TIFF 图像。
>
> TIFF 格式支持具有 Alpha 通道的 CMYK、RGB、Lab、索引颜色和灰度图像以及无 Alpha 通道的位图模式图像。Photoshop 可以在 TIFF 文件中存储图层，但是，如果在其他应用程序中打开此文件，则只有拼合图像是可见的。
>
> （4）JPEG（Joint Picture Expert Group）是一种有损图像压缩格式。利用 JPEG 格式可以进行高倍率的图像压缩，所以压缩后的图像文件比较小。
>
> JPEG 格式支持 CMYK、RGB 和灰度色彩模式，但不支持 Alpha 通道。与 GIF 格式不同，JPEG 格式保留 RGB 图像中的所有色彩信息，但通过有选择地去掉数据来压缩文件大小。
>
> （5）GIF（Graphic Interchange Format）格式是网页上通用的一种文件格式，用于显示超文本标记语言（HTML）文档中的索引颜色图形和图像，最多只有 256 种颜色。
>
> GIF 格式保留索引颜色图像中的透明度，但不支持 Alpha 通道。
>
> （6）PDF（Portable Document Format）是一种灵活的、跨平台和跨应用程序的文件格式。PDF 文件精确地显示并保留字体、页面版式以及矢量和位图图形。PDF 文件支持电子文档搜索和超

链接功能。

Photoshop PDF 格式支持标准 Photoshop 格式所支持的所有色彩模式和功能。Photoshop PDF 还支持 JPEG 和 ZIP 压缩。

（7）EPS（Encapsulated PostScript）格式是一种通用的行业标准格式。EPS 格式可以同时包含矢量图形和位图图形，并且几乎所有的图形、图表和页面排版程序都支持该格式。EPS 格式用于在应用程序之间传递 PostScript 语言图片。当打开包含矢量图形的 EPS 文件时，Photoshop 栅格化图像，将矢量图形转换为像素。

EPS 格式支持 Lab、CMYK、RGB、索引颜色、双色调、灰度和位图色彩模式，另外，EPS 格式不支持 Alpha 通道，但支持剪贴路径。

4. 撤销和恢复操作

选择"编辑"→"后退一步"命令，或者按"Alt+Ctrl+Z"组合键，则可逐步撤销所做的多步操作；在操作图像文件的过程中，如果希望使图像文件回到上一次存储的状态，可以选择"文件"→"恢复"命令，或者按"Shift+Ctrl+Z"组合键，图像文件就会恢复到上一次存储的状态，如图 2-9 所示。

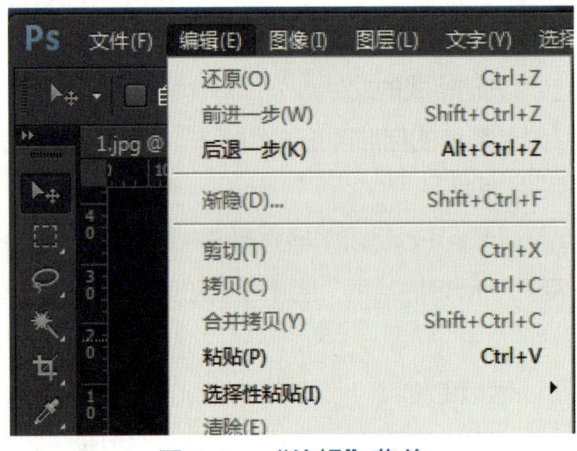

图 2-9　"编辑"菜单

实现步骤

（1）打开 Photoshop 软件。

（2）选择"文件"→"打开"命令，将弹出"打开"对话框，如图 2-10 所示。

（3）在"查找范围"下拉列表框中选择欲打开文件的路径，如图 2-11 所示。

（4）选中该文件，单击"打开"按钮，或双击该文件，或按 Enter 键，即可在 Photoshop 中打开所选的文件。

图 2-10 "打开"对话框

图 2-11 "查找范围"下拉列表框

练习巩固

（1）在 Photoshop 中新建一个图像文件，对其进行编辑，并将更改后的图像文件存储备份。

（2）简述在 Photoshop 文件浏览器中对文件批量重命名的操作过程。

任务 2.2　调整图像分辨率、尺寸和画布

任务目标

某同学在设计海报时，需要在 Photoshop 中调整画布大小，并将图 2-12 顺时针旋转 90°，请帮助该同学完成这一操作。

图 2-12　海报用图

相关知识

1. 调整分辨率

在使用 Photoshop 编辑图像时，可根据需要，通过选择"图像"→"图像大小"命令或者按"Ctrl+Alt+I"组合键调整图像的尺寸和分辨率。

调整图像尺寸和分辨率的具体操作步骤如下。

（1）选择"文件"→"打开"命令，打开一幅素材图像。

（2）选择"图像"→"图像大小"命令，弹出"图像大小"对话框，如图 2-13 所示。其中，像素大小显示的是当前图像的宽度和高度，其决定了图像的尺寸；通过改变"文档大小"选项组中的"宽度"和"高度"值，可以调整图像在屏幕上的显示尺寸，同时图像的尺寸也相应发生了变化；勾选"约束比例"复选框后，"宽度"和"高度"选项后面将出现"锁

链"图标，表示改变其中某一选项设置时，另一选项会按比例同时发生变化。

（3）单击"自动"按钮，弹出"自动分辨率"对话框，在该对话框中可以选择一种自动打印分辨率的样式，如图 2-14 所示。

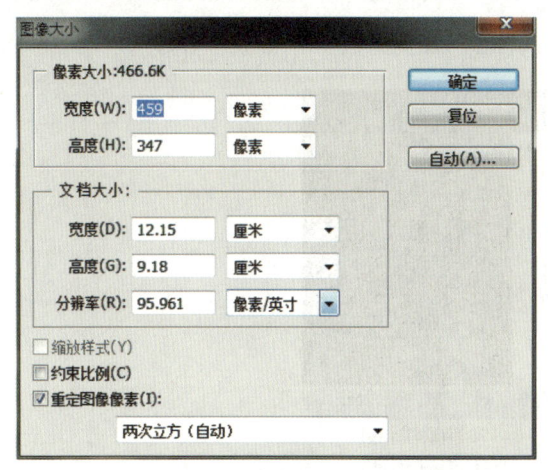

图 2-13　"图像大小"对话框　　　　　图 2-14　"自动分辨率"对话框

（4）单击"确定"按钮，返回"图像大小"对话框，在"文档大小"选项组中设置"宽度"值和"高度"值后，单击"确定"按钮，即可将图像调整为希望的大小。

2. 调整画布大小

如果用户需要的不是改变图像的显示或打印尺寸，而是对图像进行裁剪或增加空白区，此时，可通过选择"图像"→"画布大小"命令或者按"Alt+Ctrl+C"组合键，打开"画布大小"对话框进行调整。

"画布大小"对话框如图 2-15 所示。其中，"当前大小"选项组显示当前图像的大小；"新建大小"选项组用于设置画布的宽度和高度；在"画布扩展颜色"下拉列表框中可以选择背景层扩展部分的填充色，也可直接单击"画布扩展颜色"下拉列表框右侧的色彩方块，在弹出的"选择画布扩展颜色"对话框中设置填充色。

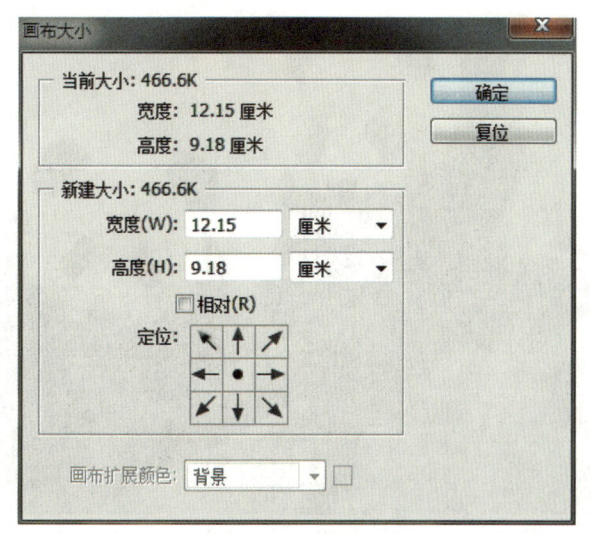

图 2-15　"画布大小"对话框

3. 旋转与翻转画布

当用户使用扫描仪扫描图像时，有时候得到的图像效果并不理想，常伴有轻微的倾斜现象，需要对其进行旋转与翻转操作以修复图像。选择"图像"→"图像旋转"命令，选择要旋转的角度，可对画布进行相应的旋转和翻转，如图 2-16 所示。

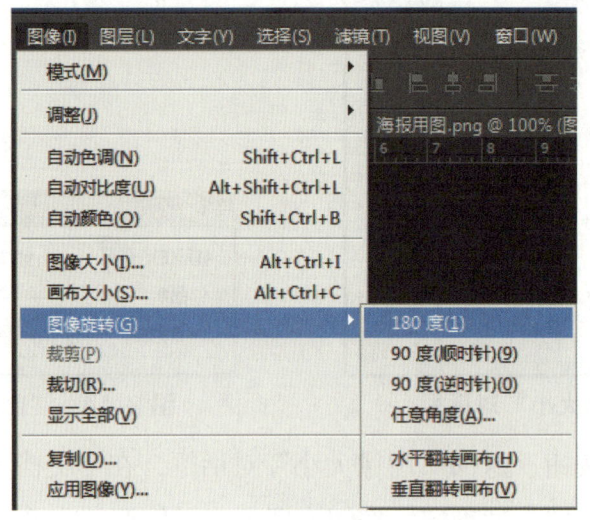

图 2-16 "图像旋转"级联菜单

实现步骤

（1）在 Photoshop 中打开图 2-12。

（2）选择"图像"→"画布大小"命令，打开"画布大小"对话框。在其中调整需要的宽度和高度。

（3）选择"图像"→"图像旋转"→"90 度（顺时针）"命令，得到需要的图像，如图 2-17 所示。

图 2-17 原图像顺时针旋转 90° 的效果

练习巩固

（1）新建一个宽为 300 像素、高为 300 像素、分辨率为 72 像素/英寸、颜色模式为 RGB、背景内容为白色的文件。

（2）将上述文件的大小指定为宽 400 像素、高 250 像素。

（3）打开素材文件夹中的图像"花朵.jpg"（图 2-18），将其转换为灰度模式，并以"灰度模式"为文件名，将其保存在以自己名字命名的文件夹中。

图 2-18 "花朵.jpg"图像

> **提示**
>
> 先在计算机中创建以自己名字命名的文件夹，再选择"图像"→"模式"→"灰度模式"命令。

任务 2.3 利用图像变换制作立体图案

任务目标

首先制作黑白相间的方块,然后填充图案,最后通过变换调整,得到图 2-19 所示的立体图案效果。

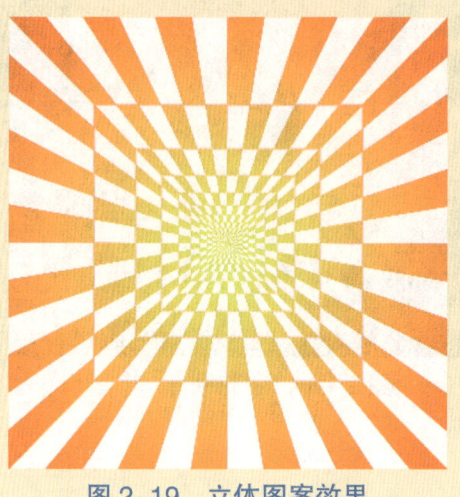

图 2-19 立体图案效果

相关知识

1. 自由变换

选择"编辑"→"自由变换"命令,拖移变换边框手柄,或在工具属性栏中直接输入数值,可以直接实现缩放、旋转、斜切、扭曲、透视等不同的变换效果。此外,按"Ctrl+T"组合键可直接进入自由变换状态。自由变换工具属性栏如图 2-20 所示。

图 2-20 自由变换工具属性栏

在选择的对象上出现周围 8 个手柄和一个中心参考点的控制框,中心参考点的位置影响变形操作基准点,可通过拖移更改其位置。

2. 变形

变形可以转换图层到多种预设形状,或者使用自定义选项拖拉图像。"变形"选项与文

字工具预设差不多相同——扇形、拱形、凸形、贝壳、旗帜、鱼形、波浪、增加、鱼眼、膨胀、挤压和扭转。

打开一幅素材图像，选择"编辑"→"变换"→"变形"命令，在图像上出现网格调整线，调整变换边框手柄即可实现图像的变形。

实现步骤

（1）启动 Photoshop CC 2022 软件，选择"文件"→"新建"命令，在弹出的"新建"对话框中设置"名称"为"变形图案"，"宽度"为 360 像素，"高度"为 360 像素，"分辨率"为 72 像素/英寸，"颜色模式"为"RGB 颜色"，"背景内容"为"透明"，如图 2-21 所示。设置完成后单击"创建"按钮，创建一个新文件。

（2）选择"视图"→"显示"→"网格"命令，显示网格效果如图 2-22 所示。

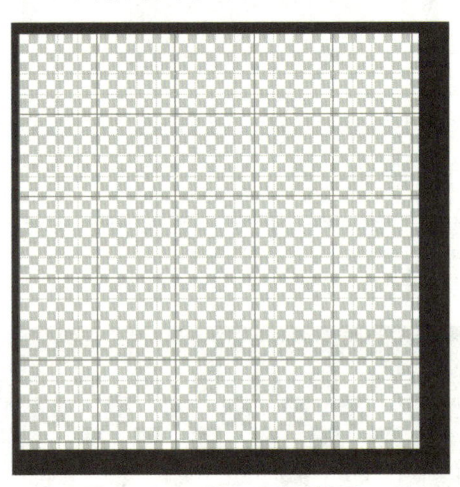

图 2-21　"新建"对话框　　　　　　图 2-22　显示网格效果 1

（3）选择"编辑"→"首选项"→"参考线、网格和切片"命令，弹出"首选项"对话框，设置"网格线间隔"为 60 像素，"子网格"为"2"，如图 2-23 所示，然后单击"确定"按钮，显示网格效果如图 2-24 所示。

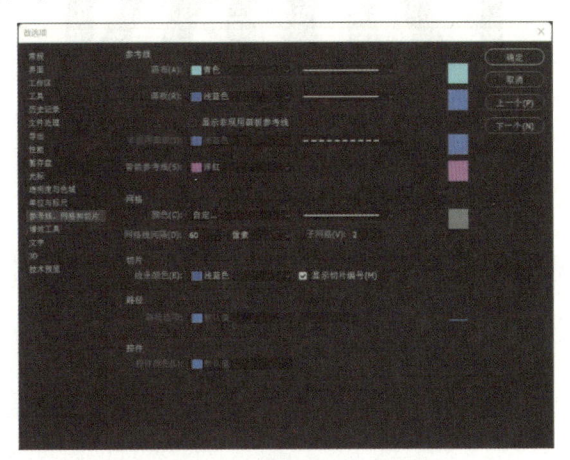

图 2-23　"首选项"对话框　　　　　　图 2-24　显示网格效果 2

(4)选择矩形选框工具,按住 Shift 键,绘制正方形,然后填充黑色,如图 2-25 所示,然后按同样的方法制作黑白相间的方块,如图 2-26 所示。

(5)选择矩形选框工具,框选黑白相间的方块,选择"视图"→"编辑"→"定义图案"命令。

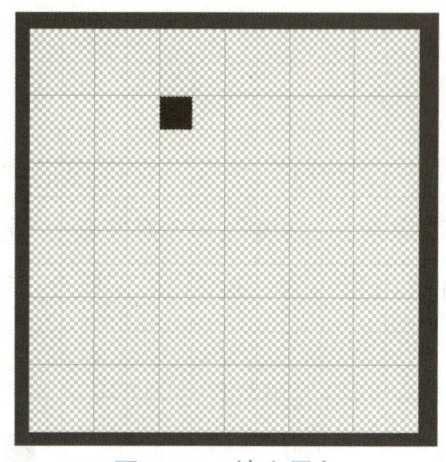

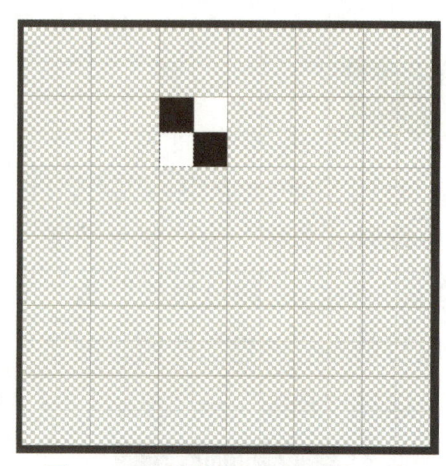

图 2-25　填充黑色　　　　　　　　图 2-26　制作黑白相间的方块

(6)按"Ctrl+D"组合键,取消选取,选择"编辑"→"填充"命令,在弹出的"填充"对话框中设置"使用"为"图案",在"自定图案"下拉列表框中选择上一步定义的图案。单击"确定"按钮,效果如图 2-27 所示。

(7)选择"编辑"→"变换"→"透视"命令,对图像进行透视变形,如图 2-28 所示。

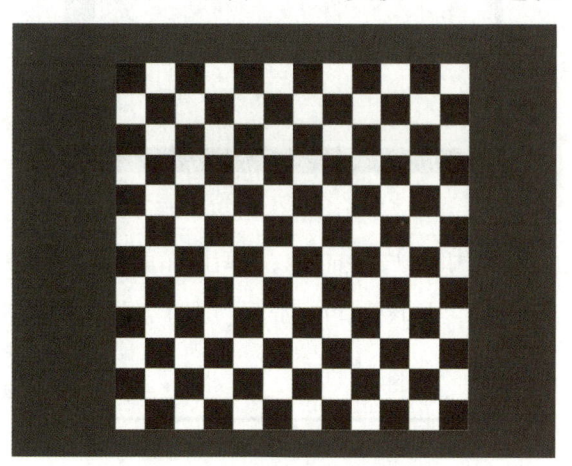

图 2-27　填充图案效果　　　　　　图 2-28　透视变形效果

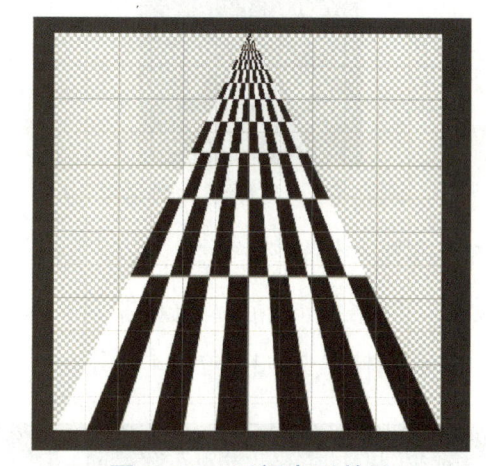

(8)按 Enter 键确认变形操作,然后按住"Ctrl+T"组合键,将顶点调整到图层的中间,如图 2-29 所示。

(9)按 Enter 键确认变形操作,在"图层"调板中选中"图层 1",然后将其拖动到"创建新图层"按钮上,复制图层,如图 2-30 所示。

(10)选择"编辑"→"变换"→"旋转 90 度(顺时针)"命令,旋转复制图层,然后选择移动工具,将其移动至图 2-31 所示位置。

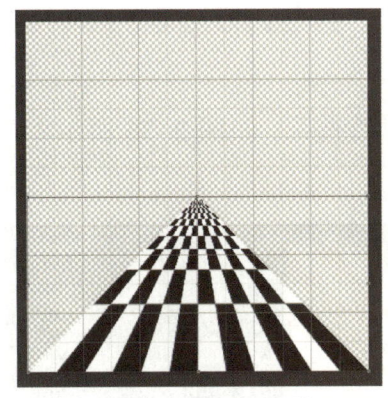

图 2-29　变形操作效果　　　　　图 2-30　复制图层　　　　　图 2-31　旋转

（11）用同样的方法制作图 2-32 所示效果。

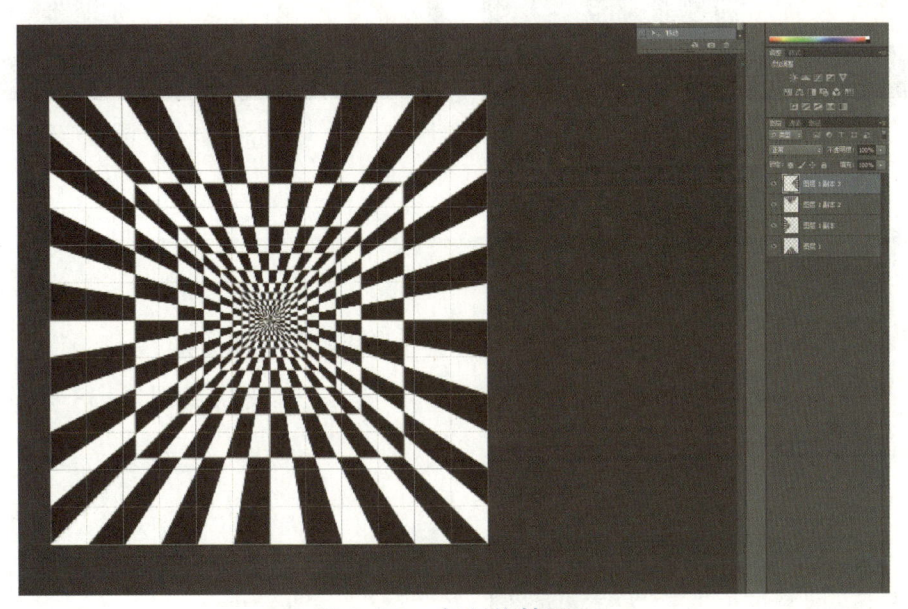

图 2-32　复制旋转图层

（12）多次按"Ctrl+E"组合键，将图层合并为"图层 1"，如图 2-33 所示。

（13）单击"图层"调板中的"创建新图层"按钮，新建"图层 2"。设置前景色为黄色（#ffff00），背景色为深黄色（#ff6d00），然后选择渐变工具，在其工具属性栏中单击"点按可编辑渐变"按钮右侧的下三角按钮，在打开的"渐变样式"下拉列表框中选择"前景色到背景色渐变"选项，再单击其属性栏中的"径向渐变"按钮，如图 2-34 所示。

图 2-33　合并图层　　　　　　　　图 2-34　渐变编辑

（14）设置好渐变属性后，将鼠标指针移至图像窗口的中央，按住鼠标左键并向外围拖动鼠标，绘制出图 2-35 所示的渐变颜色。

（15）单击"图层"调板，设置"图层 2"的混合模式为"变亮"，如图 2-36 所示。完成后，得到图 2-19 所示的效果。

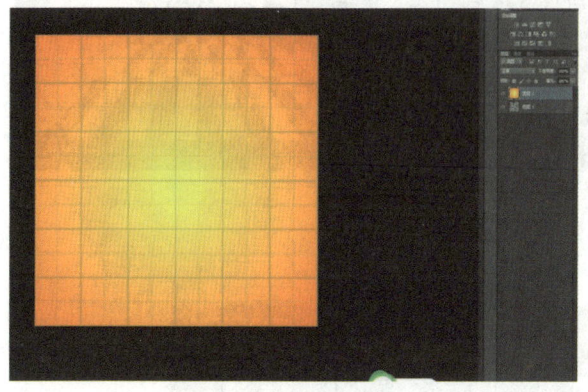

图 2-35　渐变填充　　　　　　　　　　图 2-36　设置图层混合模式

练习巩固

（1）可以利用 Photoshop 软件中的哪一命令制作出鱼眼效果？

（2）使用 Photoshop 软件的图像变换功能，将图 2-37 变换成图 2-38 所示的效果。

图 2-37　原图　　　　　　　　　　图 2-38　最终效果

可以通过选择"编辑"→"自由变换"命令完成练习。

任务 2.4 将图像裁剪成合适大小

任务目标

将图 2-39 裁剪为所需大小,如图 2-40 所示。

图 2-39 裁剪前

图 2-40 裁剪后

相关知识

裁剪是移去部分图像,使图像的某部分内容更加突出或加强构图效果。使用裁剪工具时,可利用变换图像透视的附加选项,处理以非平直视角拍摄对象所发生的扭曲等。下面介绍裁剪工具的使用方法。

1. 裁剪工具的使用

首先应选择裁剪工具裁剪图像,然后在按住鼠标左键的同时,在图像中拖动鼠标,最后释放鼠标即可选定裁剪区域,双击或按 Enter 键,即可裁去控制框以外的图像。可以通过不同的快捷键裁剪出不同形状的区域,例如,若在选定裁剪区域的同时按住 Shift 键,那么所选择的区域即正方形裁剪区域;若在选定裁剪区域的同时按住 Alt 键,则选取以起始点为中心的裁剪区域;若在选定裁剪区域的同时按住"Alt+Shift"组合键,则选取以起始点为中心的正方形裁剪区域。

2. 裁剪工具选项栏的使用

裁剪工具选项栏如图 2-41 所示。

图 2-41　裁剪工具选项栏

宽度：在该数值框中输入数值，以指定裁剪后图像的宽度。

高度：在该数值框中输入数值，以指定裁剪后图像的高度。

分辨率：在该数值框中输入数值，以指定裁剪后图像的分辨率，如果不想对裁剪的图像重新取样，需确保"分辨率"数值框为空。

前面的图像：单击此按钮，可在相应的文本框中显示当前图像的宽度、高度和分辨率，并可使用此数据裁剪另一幅图像，使其和当前图像具有一样的宽度、高度和分辨率。

"清除"按钮：可清除选项栏中的宽度、高度和分辨率数据。

实现步骤

（1）在 Photoshop 中打开图像文件。

（2）在工具箱中选择裁剪工具，在按住鼠标左键的同时，在图像中拖动鼠标，最后释放鼠标即可选定裁剪区域，如图 2-42 所示。

图 2-42　裁剪大小

（3）按 Enter 键，得到图 2-40 所示效果，选择"文件"→"存储"命令保存即可。

练习巩固

在裁剪两幅图像时，如何保证它们具有一样的宽度、高度和分辨率？

项目 3
选区编辑

知识目标

(1) 掌握各种选区工具的使用方法。

(2) 掌握各种范围的选取方法。

能力目标

(1) 能够对选择区域进行缩放、旋转。

(2) 能够保存选取范围。

素养目标

(1) 培养学生自主学习、自主思考的良好学习习惯。

(2) 培养学生反复练习、不怕辛苦的劳动意识。

任务 3.1　制作规则和不规则选区

任务目标

在 Photoshop 中，可以通过选区的创建，对所选区域内的图像进行操作，而不影响其他区域的内容。Photoshop 中选区的创建可以通过选取工具来完成，也可以通过菜单命令来完成。本任务主要学习规则和不规则选区的制作。根据素材（图 3-1），通过制作选区，得到图 3-2 所示的最终效果。

图 3-1　素材

图 3-2　最终效果

相关知识

1. 使用选框工具创建选区

选框工具是最基本、最简单的选取工具，主要用于创建简单的选区以及进行图形的拼接、剪裁等。使用该工具可以选取 4 种形状的范围：矩形、椭圆、单行和单列。在默认情况下使用的选框工具是矩形选框工具。

要选取不同的选框工具，首先在矩形选框工具按钮上按住鼠标左键不放，并稍停一小段时间，弹出选框工具菜单，如图 3-3 所示；然后选定一种形状的选框工具，移动鼠标指针到图像窗口中拖动框选即可，如图 3-4 所示。

图 3-3　选框工具菜单

(a)　　　　　　　(b)　　　　　　　(c)　　　　　　　(d)

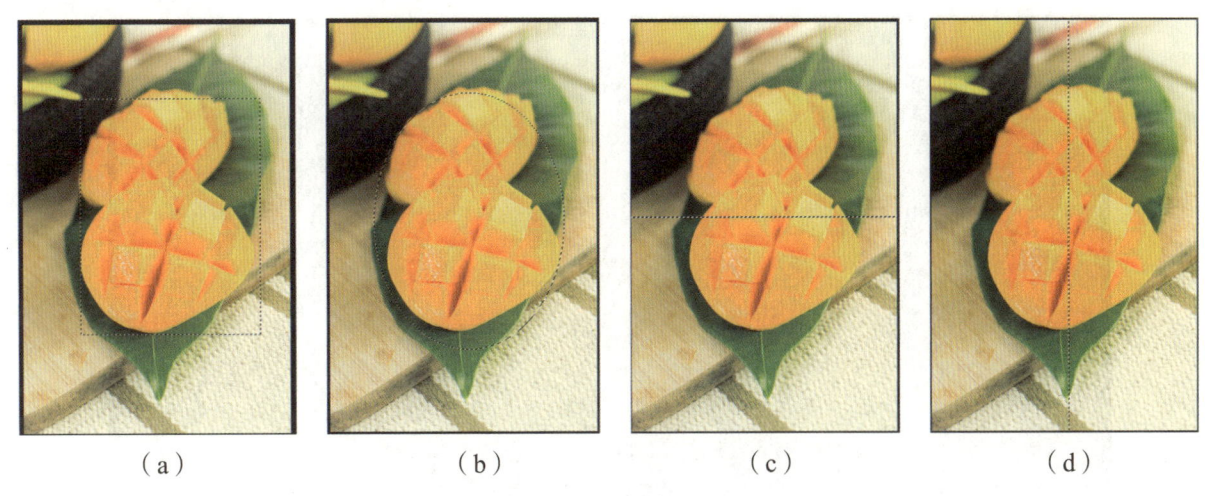

图 3-4　用不同选框工具选择的区域

（a）选取矩形范围；（b）选取椭圆形范围；（c）选取单行；（d）选取单列

在利用矩形选框工具和椭圆选框工具定义选区时，除了使用拖动鼠标的方法外，还可利用其属性栏中"样式"下拉列表框中的相应选项进行定义，如图 3-5 所示。

选择"固定大小"选项时，可在"宽度"和"高度"文本框中输入具体值

图 3-5　椭圆选框工具属性栏

> **提　示**
>
> 　　若要取消选取范围，可以单击图像窗口，或选择"选择"→"取消选择"命令，也可按"Ctrl+D"组合键。

2. 使用套索工具

套索工具也是常用选取工具中的一种，多用于不规则图像及手绘线段的选取。具体内容将在任务 3.4 的相关知识中详细介绍，在此不再赘述。

3. 使用魔棒工具创建选区

魔棒工具主要用来选取范围。在进行选取时魔棒工具能够选取颜色相同或相近的区域，如图 3-6 所示，在图像中单击蓝天部分即可选取与当前单击处相同或相似的颜色范围。

图 3-6 使用魔棒工具选取范围

使用魔棒工具选取时，用户还可以通过魔棒工具属性栏设定颜色的近似范围，如图 3-7 所示，可以在魔棒工具属性栏中设置以下相关参数。

图 3-7 魔棒工具属性栏

（1）容差：表示颜色的选择范围，数值范围为 0~255，其默认值为 32。容差越小，选取的颜色范围越小；容差越大，选取颜色的范围越大。

（2）连续：勾选该复选框，表示只能选取单击处邻近区域中的相同像素；取消勾选该复选框，则能够选取符合该像素要求的所有区域。在默认情况下，该复选框总是被勾选的。

（3）对所有图层取样：勾选该复选框，表示将在所有可见图层中选取颜色相近的区域；若取消勾选该复选框，则只能在当前图层选取颜色相近的区域。

4. 使用色彩范围创建选区

魔棒工具能够选取具有相同颜色的图像，但它不够灵活。当选取结果不满意时，只能重新选择一次。因此，Photoshop 提供了一种比魔棒工具更具有弹性的选取方法——利用色彩范围命令创建选区，用此方法不但可以一边预览一边调整，还可以随心所欲地完善选区的范围。利用色彩范围命令创建选区的步骤如下。

（1）打开一幅图像，如图 3-8（a）所示，选择"选择"→"色彩范围"命令，弹出"色彩范围"对话框，如图 3-9 所示。

（a）　　　　　　　　　　　　　　　　（b）

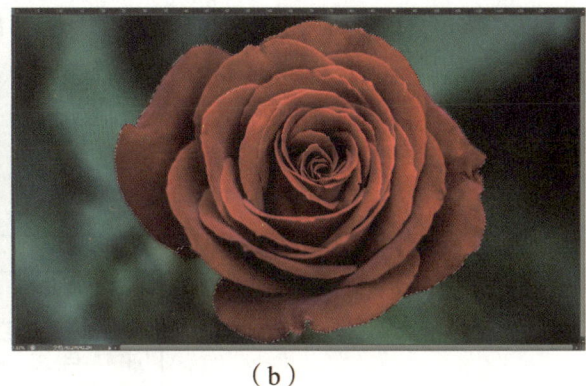

图 3-8　使用"色彩范围"命令创建选区
（a）原始图像；（b）创建选区后

图 3-9　"色彩范围"对话框

"色彩范围"对话框中各主要选项的含义如下。

①选择：在该下拉列表框中可以选择颜色或色调范围，也可以选择取样颜色。

②颜色容差：颜色容差是调整颜色选择范围的重要手段，拖动颜色容差下方的三角滑块或者在对话框中直接输入数值都可调整选取的色彩范围。要减小选取的颜色范围，可将数值减小。

③选区预览：在该下拉列表框中选择相应的选项，可更改选区的预览方式，其中的选项包括"无""灰度""黑色杂边""白色杂色"和"快速蒙版"。

当选择"无"选项时，不在图像窗口显示任何图像。

当选择"灰度"选项时，按选区在灰度通道中的外观显示选区。

当选择"黑色杂边"选项时，原图中没有选中的区域便用黑色显示，选中的区域则以彩色原图显示。

当选择"白色杂边"选项时，在白色背景上用彩色显示选区。

当选择"快速蒙版"选项时,原图中没有选中的区域便用内定的快速蒙版的颜色(50%的红色)显示,选中的区域则以彩色原图显示。

(2)从"选择"下拉列表框中选取需要选择的颜色,或者选择"取样颜色"选项,使用吸管工具选取颜色,如图 3-10 所示。

图 3-10 "选择"下拉列表框

实现步骤

(1)按"Ctrl+O"组合键,打开图 3-1 所示的素材图像。

(2)选择"视图"→"标尺"命令,显示标尺,选择移动工具,调整辅助线,如图 3-11 所示。

图 3-11 调整辅助线

（3）选择椭圆选框工具，按住"Shift+Alt"组合键并拖动鼠标，以上一步十字叉形辅助线的交点为中心参考点绘制圆形选区，并填充白色，效果如图 3-12 所示。

图 3-12　绘制圆形选区效果

（4）用同样的方法，在视图中绘制圆形选区，然后选择"选择"→"反选"命令，反选选区，并填充白色，效果如图 3-2 所示。

此外，利用单行选框工具和单列选框工具，可以创建 1 像素宽的横线或竖线选区。这两个工具主要用于制作一些线条，使用这两个工具时必须将羽化参数设置为 0。

练习巩固

简述制作规则选区和不规则选区各有什么方法。

任务 3.2　羽化花朵

任务目标

利用已有的素材（图 3-13），通过羽化完成图 3-14 所示的效果。

图 3-13　素材图像
（a）苹果；（b）花朵

图 3-14　完成效果

相关知识

在当前文件中创建选区以后，有时为了绘图的精确性，要对已创建的选区进行修改，使之更符合作图要求。下面介绍选区的一些基本操作和修改方法。

1. 选区的基本操作

1）移动选区

在用户创建选区时，如果觉得选区的范围不正确，但是选区的大小和形状是适当的，这时可以移动选区。移动选区通常有以下两种方法。

（1）方法一：用鼠标移动，移动时只需在工具箱中选中选取工具，移到选区范围内，此时鼠标会变成"▸"形状，然后按下鼠标并拖动即可，如图3-15所示。在移动选区时，一定要使用选取工具，如果当前工具是移动工具，那么移动的将是选区内的图像。

图 3-15 移动选区

（2）方法二：在某些情况下用鼠标很难将选区移动到准确的位置，此时需要用键盘的上、下、左、右4个方向键准确地移动选区，每按一下方向键可以移动一个像素点。

不管是用鼠标移动，还是用键盘的方向键移动，如果在移动时按下Shift键则会按垂直、水平和45°角的方向移动；若在移动时按下Ctrl键则可以移动选区中的图像。

2）添加、减去选区与选区交叉

（1）添加到选区。如果要在已经建立的选区之外加上其他选择范围，首先要在工具箱中选择一种选取工具，然后在工具选项栏中单击 按钮或在按住Shift键的同时使用选取工具在现有的选区上增加选择范围，如图3-16（b）所示。

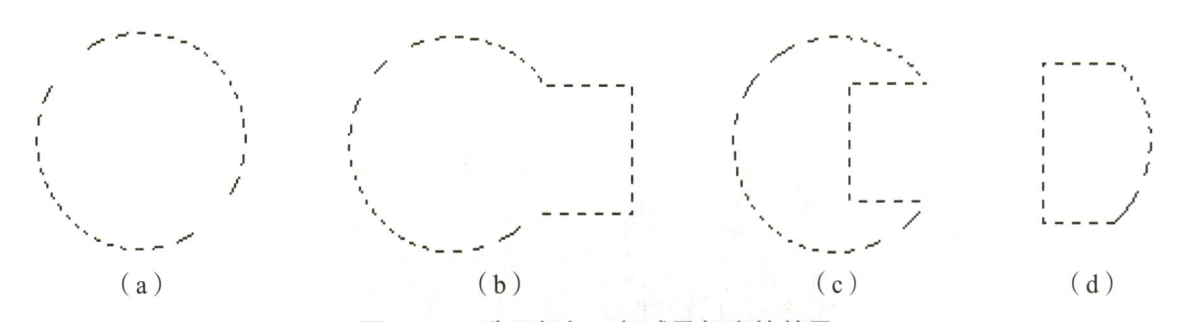

图 3-16 选区相加、相减及相交的效果

（a）已建立的选区；（b）与矩形选区相加（c）与矩形选区相减；（d）与矩形选区相交

（2）从选区减去。对已经存在的选区可以利用选取工具将原有选区减去一部分。选择一种选取工具，在工具选项栏中单击 按钮，或在按住Alt键的同时使用选取工具在现有的选

区上减去新的选择范围，如图 3-16（c）所示。

（3）与选区交叉。选区交叉的结果将会保留新建选区与原选区重叠的部分，其方法为：先创建一个选区，然后任选一种选取工具，在工具选项栏上单击 按钮，或同时按住 Alt 键和 Shift 键用鼠标创建一个新选区（与原选区部分重叠），就可得到两个选区的交集，如图 3-16（d）所示。

如果在用鼠标做出选区时，一直按住鼠标左键不松手，再按 Space 键后，拖动鼠标，所形成的选区就会被移动。

3）全选、取消选择、重新选择和反向

（1）全选。"全选"命令用于将全部图像设定为选区，当用户要对整个图像进行编辑处理时，可以使用该命令。

（2）取消选择。"取消选择"命令用于将当前的所有选区取消。

（3）重新选择。"重新选择"命令用于恢复"取消选择"命令所撤销的选区，重新进行选定并与上一次选取的状态相同。

（4）反选。"反选"命令用于将图层中选区和非选区进行互换。

"反向"命令的操作方法有以下 3 种。

命令：选择"选择"→"反向"命令。

快捷键：按"Ctrl+Shift+I"组合键。

快捷菜单：在图像窗口中的任意位置处单击鼠标右键，在弹出的快捷菜单中选择"选择反向"命令。

4）存储和载入选区

在图像处理及绘制过程中，可以对创建的选区进行保存，以便以后的操作和运用，下面分别介绍存储和载入选区的方法。

（1）存储选区。在图像编辑窗口中创建一个选区，选择"选择"→"存储选区"命令，弹出"存储选区"对话框，如图 3-17 所示，单击"确定"按钮即可。可以在"存储选区"对话框中设置保存通道的图像文件和通道的名称。

图 3-17 "存储选区"对话框

"存储选区"对话框中各主要选项的含义如下。

①文档：该下拉列表框中显示当前打开的图像文件名称及"新建"选项。若选择"新建"选项，则新建一个图像编辑窗口来保存选区。

②通道：用来选择保存选区内的通道。若是第一次保存选区，则只能选择"新建"选项。

③名称：用于设置新建 Alpha 通道的名称。

④操作：该选项组用于设置保存选区与原通道中选区的运算操作。

（2）载入选区。当选区被存储后，选择"选择"→"载入选区"命令，弹出"载入选区"对话框，如图 3-18 所示。该命令用于调出 Alpha 通道中的选区，可以在"载入选区"对话框中设置通道所在的图像文件以及通道的名称。

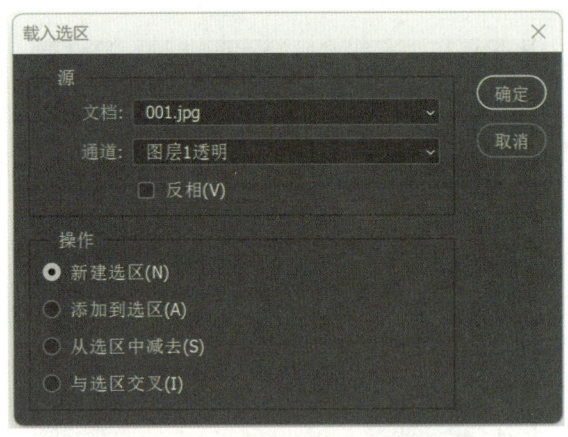

图 3-18 "载入选区"对话框

2. 选区的修改方法

1）羽化

羽化是图像处理中经常用到的操作。羽化可以在选区和背景之间建立一条模糊的过渡边缘，使选区产生"晕开"的效果。过渡边缘的宽度即"羽化半径"，以像素为单位。设置羽化半径有以下 3 种方法：第一种方法是通过执行"选择"→"修改"→"羽化"命令；第二种方法是按"Shift+F6"组合键；第三种方法是在选取工具属性栏中设置"羽化"数值。

2）扩展或收缩选区

若用户对创建的选区不满意，可以用扩展或收缩命令调整选区。

（1）使用"扩展"命令，可以扩大当前选区，"扩展量"数值越大，选区的扩展量越大。选择"选择"→"修改"→"扩展"命令，弹出"扩展选区"对话框，在该对话框中设置"扩展量"值为 10 像素，单击"确定"按钮，即可对选区进行扩展。

（2）使用"收缩"命令，可以将当前选区缩小，"收缩量"数值越大，选区的收缩量越大。选择"选择"→"修改"→"收缩"命令，弹出"收缩选区"对话框，在该对话框中设置"收缩量"值为 40 像素，单击"确定"按钮，即可对选区进行收缩。

实现步骤

（1）选择"文件"→"打开"命令，打开素材图像。

（2）选择椭圆选框工具，在其属性栏中设置"羽化"为"20 像素"，如图 3-19 所示。

图 3-19 椭圆选框工具属性栏

（3）框选鲜花的花心部分，如图 3-20 所示，框选后按"Ctrl+C"组合键，复制选区内容，然后导入苹果图像，按"Ctrl+V"组合键将其粘贴，选择移动工具，将其移动至图 3-14 所示位置即可。

图 3-20 创建花心选区

练习巩固

简述移动选区的方法。

任务 3.3　利用"边界"命令制作装饰圆环

任务目标

利用选区的"边界"命令,制作图 3-21 所示的效果。

图 3-21　效果

相关知识

除了任务 3.2 中的羽化、扩展或收缩选区,还可以使用"边界"命令和"平滑"命令修改选区。"边界"命令可以在选区边缘新建一个选区,而使用"平滑"命令可以使选区边缘平滑。一般通过"边界"和"平滑"命令使图像中的选区边缘更加完美。

1."边界"命令

使用"边界"命令,可以修改选区边缘的像素宽度,执行该命令后,选区中只有虚线包含的边缘轮廓部分,不包括选区中的其他部分。

选择"选择"→"修改"→"边界"命令,弹出"边界选区"对话框,在该对话框中设置"宽度"值为 25 像素,单击"确定"按钮即可设置边界选区,如图 3-22 所示。

2. 平滑

"平滑"命令可以通过在选区边缘增加或减少像素来改变选区边缘的粗糙程度,以达到一种连续的、平滑的选择效果。选择"选择"→"修改"→"平滑"命令,弹出"平滑选区"对话框,在该对话框中设置"取样半径"值为100像素,单击"确定"按钮,即可对选区进行平滑,如图 3-23 所示。

图 3-22 原选区与边界选区　　　　图 3-23 原选区与平滑选区

实现步骤

(1)按"Ctrl+O"组合键,打开素材图像,如图 3-24 所示。

(2)单击"图层"调板中的"创建新图层"按钮,新建"图层 1"。选择椭圆选框工具,按住 Shift 键并拖动鼠标,在素材图像中绘制圆形选区,如图 3-25 所示。

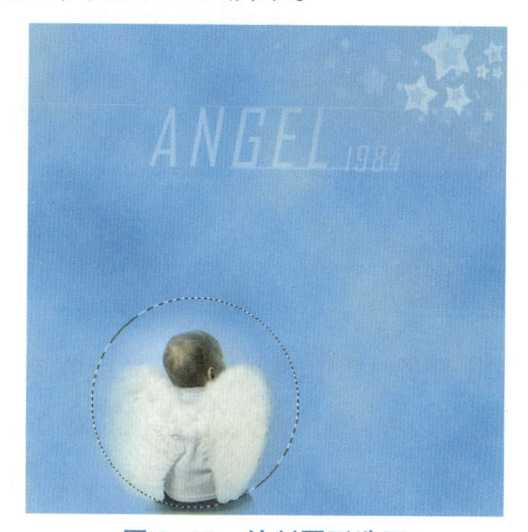

图 3-24 素材　　　　图 3-25 绘制圆形选区

(3)选择"选择"→"修改"→"边界"命令,弹出"边界选区"对话框,在该对话框中设置"宽度"值为10像素,单击"确定"按钮,即可设置边界选区,如图 3-26 所示。

(4)设置前景色为纯白色,效果如图 3-27 所示。

图 3-26 设置边界选区　　　　　　图 3-27 填充边界

（5）按照上述方法并根据选区的大小确定边界的大小，制作其他圆环，得到图 3-21 所示的最终效果。

练习巩固

简述修改选区的几种方法。

任务 3.4　使用磁性套索工具更换背景

任务目标

使用磁性套索工具将"女孩"图像套取复制到"背景"中，制作出唯美的图片效果，如图 3-28 所示。

图 3-28　效果

相关知识

套索工具包括 3 种：套索工具、多边形套索工具和磁性套索工具。

1. 套索工具

使用套索工具，可以选取不规则形状的曲线区域。其方法如下。

（1）在工具箱中单击选中套索工具。

（2）移动鼠标指针到图像窗口中，然后拖动选取需要选定的范围，当鼠标指针回到选取的起点位置时释放鼠标，如图 3-29 所示。

图 3-29 使用套索工具进行选取

套索工具也可以设定消除锯齿和羽化边缘的功能。选择套索工具后，在套索工具属性栏中即可设定。

2. 多边形套索工具

使用多边形套索工具，可以创建出不规则的多边形形状，因此，该工具一般用于选取一些复杂的、棱角分明的、边缘呈直线的选区。

在使用套索工具进行选取时，如果在开始点以外释放鼠标，则系统会自动连接开始点和结束点，形成一个完整的选区；使用多边形套索工具进行选取时，释放鼠标并不代表选取结束，而是可以继续进行选取。其方法如下。

（1）在工具箱中单击选中多边形套索工具。

（2）将鼠标指针移到图像窗口中单击确定开始点。

（3）移动鼠标指针至下一转折点单击。当确定好全部的选取范围并回到开始点时光标右下角出现一个小圆圈，单击即可完成选取操作，如图 3-30 所示。

图 3-30 使用多边形套索工具进行选取

3. 磁性套索工具

磁性套索工具适用于快速选取与背景对比强烈，并且边缘复杂的对象，是最精确的套索工具，进行选取时方便快捷，还可以沿图像的不同颜色将图像相似的部分选取出来，它是根据选取边缘在特定宽度内不同像素值的反差来确定选取范围的。下面介绍其使用方法。

（1）在工具箱中单击选中磁性套索工具，或者按"Shift+L"组合键，切换到磁性套索工具。

（2）移动鼠标指针至图像窗口中，单击确定选取的起点，然后沿着要选取的物体边缘移动鼠标指针。当回到起点时，光标右下角会出现一个小圆圈，此时单击即可完成选取操作，如图 3-31 所示。

图 3-31　使用磁性套索工具进行选取

可以在磁性套索工具属性栏中设置相关参数，如图 3-32 所示。

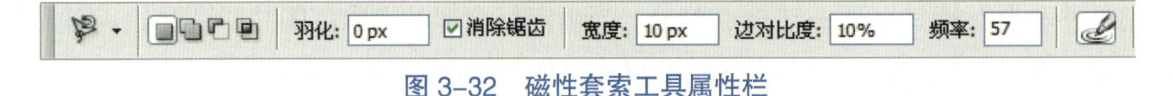

图 3-32　磁性套索工具属性栏

磁性套索工具属性栏中各主要选项的含义如下。

（1）宽度：该数值框用于设置磁性套索工具选取时的探查范围，数值越大，探查范围越大，其取值范围为 1~40 像素，数值越小，选取的图像越精确。

（2）边对比度：该数值框用于指定套索边节点的连接速度，其取值范围为 1~100，数值越大，选取外框速度越快。

（3）频率：该数值框用于设置创建选区时的节点数目，即在选取时产生了多少节点。其取值范围为 0~100，数值越大，产生的节点越多。

（4）压力笔：用来设置绘图板的画笔压力。当使用钢笔绘图板绘制与编辑图像时，如果选择了该选项，则增大钢笔压力时将导致边缘宽度减小。

项目3 选区编辑

实现步骤

（1）在 Photoshop 中打开"背景"（图 3-33）和"女孩"（图 3-34）素材图像。

图 3-33 "背景"素材图像　　　　图 3-34 "女孩"素材图像

（2）在工具箱中选择磁性套索工具，按住鼠标左键，沿"女孩"素材图像的轮廓绘制选区，释放鼠标左键，生成选区如图 3-35 所示。

图 3-35 套取"女孩"素材图像

（3）选择"选择"→"修改"→"羽化"命令，在弹出的"羽化选区"对话框中设置"羽化半径"为 50 像素，如图 3-36 所示，单击"确定"按钮，然后复制、粘贴至"背景"素材图像中，调整"女孩"图层的位置和大小，得到图 3-28 所示效果。

图 3-36 "羽化选区"对话框

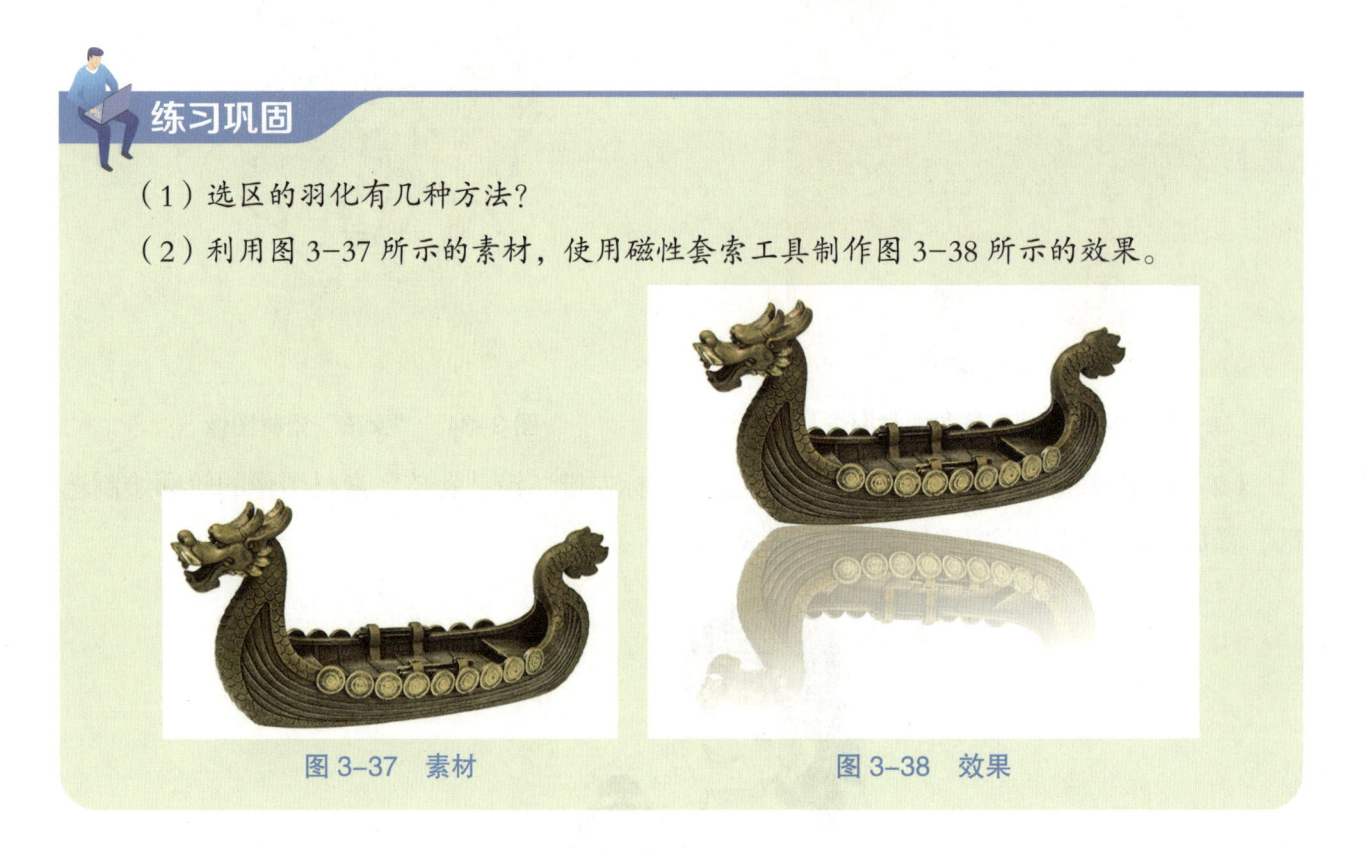

练习巩固

（1）选区的羽化有几种方法？

（2）利用图 3-37 所示的素材，使用磁性套索工具制作图 3-38 所示的效果。

图 3-37 素材　　　　　　图 3-38 效果

项目 4 路径与工具

知识目标

（1）了解各种工具创建的路径和方法。

（2）了解图层样式与光线的配合要求。

（3）掌握图层内容的处理方法。

能力目标

（1）能够运用各种工具进行图形处理。

（2）能够绘制形状图层并进行修正。

素养目标

（1）引导学生反复练习、熟能生巧、学以致用、知行合一。

（2）培养学生互帮互助的团队意识。

任务 4.1 绘制鼠标

任务目标

本任务要求掌握使用钢笔工具创建路径的方法，以及对路径进行编辑、转化路径上的锚点的方法，并且配合图层样式相关内容及光线的运用，达到绘制逼真鼠标的目的。鼠标效果如图 4-1 所示。

图 4-1 鼠标效果

相关知识

路径没有锁定图像的背景像素，因此很容易调整、选择和移动，同时，路径也可以存储并输出到其他程序中。路径不同于 Photoshop 描绘工具创建的任何对象，也不同于 Photoshop 选框工具创建的选区。

创建路径最常用的办法是使用钢笔工具和自由钢笔工具。钢笔工具可以和"路径"调板协调使用。通过"路径"调板可以对路径进行描边、填充及将路径转变成选区。

1. 钢笔工具

1）分类

（1）钢笔工具：可通过绘制节点来绘制具有最高精度的图像。

钢笔工具是绘制路径的基本工具，其属性栏如图 4-2 所示。

① "形状图层"按钮▣：单击该按钮，可创建一个形状图层。在图像编辑窗口中创建路径时会同时建立一个形状图层，并在闭合的路径区域内填充前景色或设定样式。

②"样式"图标：单击其右侧的下三角按钮，弹出"样式选项"调板，在其中选择任意一项，即可将该样式应用到当前绘制的图形中。

③"路径"按钮：单击该按钮，可在图像编辑窗口中创建路径。

④"填充像素"按钮：单击该按钮，可在当前工作图层上绘制出一个由前景色填充的形状（该按钮对钢笔工具无效）。

⑤"自动添加/删除"复选框：勾选该复选框，可自动添加或删除锚点；若取消勾选该复选框，则只能绘制路径，不能添加或删除锚点。

⑥"合并"按钮：可将新区域添加到重叠路径区域。

⑦"减去顶层形状"按钮：可将新区域从重叠路径区域减去。

⑧"与形状区域相交"按钮：可将路径限制为新区域和现有区域的交叉区域。

⑨"排除重叠形状"按钮：可从合并路径中排除重叠区域。

图 4-2 钢笔工具属性栏

（2）自由钢笔工具：可自由绘制路径，然后路径上会自动添加节点。自由钢笔工具的"磁性"复选框被勾选后，还可以转化为磁性钢笔工具，用于绘制与图像中已定义区域的边缘对齐的路径，其属性栏如图 4-3 所示。

图 4-3 自由钢笔工具属性栏

自由钢笔工具属性栏中部分选项的功能和钢笔工具属性栏中选项的功能一样，在此不再赘述，下面介绍其他选项的功能。

①"曲线拟合"数值框：在该数值框中输入 0.5~10.0 像素的数值，设置的数值越大，创建的路径锚点越少，路径越简单。

②"磁性的"复选框：勾选该复选框，"宽度""对比"和"频率"选项将被激活，如图 4-4 所示。

其中，"宽度"参数可以控制自由钢笔工具捕捉像素的范围，取值范围为 1~256 的整数；"对比"参数可以控制自由钢笔工具捕捉像素的范围，取值范围为 1%~100%；"频率"参数可以控制自由钢笔工具的锚点，其取值范围为 0~100 的整数，锚点越大，产生的锚点密度就越大。

图 4-4 "自由钢笔选项"下拉调板

2）绘制形状

（1）绘制直线。

选择钢笔工具 后，在画布上单击创建一个锚点，将鼠标移动到另外一个位置单击，创建下一个锚点，依此类推，可以通过这个方式创建由角点连接的直线，如图 4-5 所示。

（2）绘制曲线。

选择钢笔工具绘制曲线，首先在画面中单击拖曳形成平滑点，然后将鼠标移动到下一个目标点同样拖曳创建新的平滑点，依此类推，如图 4-6 所示。

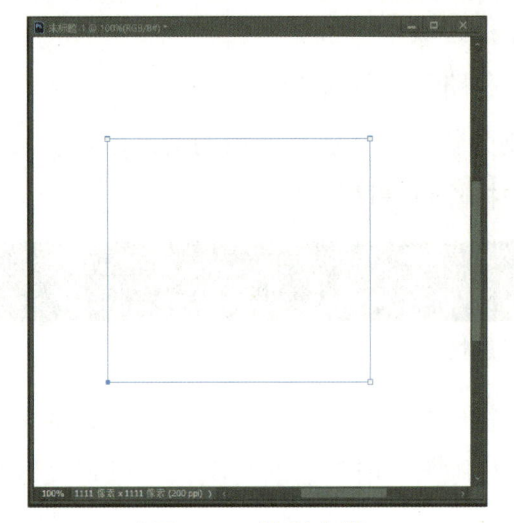

图 4-5　绘制直线

图 4-6　绘制曲线

2. 路径的调整

调整路径可以使用路径选取工具、直接选取工具，或使用钢笔工具，配合快捷键直接进行调整，可调整部分有锚点、曲线及方向手柄，具体调整方法见表 4-1。

表 4-1　路径的调整方法

可调整部分	方法 1	方法 2
锚点	路径选取工具	钢笔工具 +Ctrl 键
曲线	路径选取工具	钢笔工具 +Ctrl 键
方向点	直接选取工具	钢笔工具 +Alt 键
方向线	直接选取工具	钢笔工具 +Alt 键

实现步骤

1. 绘制鼠标基本形状

（1）新建一个名称为"鼠标"，长度 × 宽度为 547 像素 ×425 像素，颜色模式为 RGB，分辨率为 100 像素 / 英寸，背景色为白色的图像文件。

（2）在"图层"面板中新建图层并命名为"鼠标顶面"，在工具箱中选择钢笔工具，在选项栏中选择"路径绘制模式"选项，开始绘制鼠标的主要部分，如图 4-7 所示。

（3）双击"路径"面板中的工作路径进行存储，按"Ctrl+Enter"组合键把路径生成选区，并填充前景色 #30322D，如图 4-8 所示。

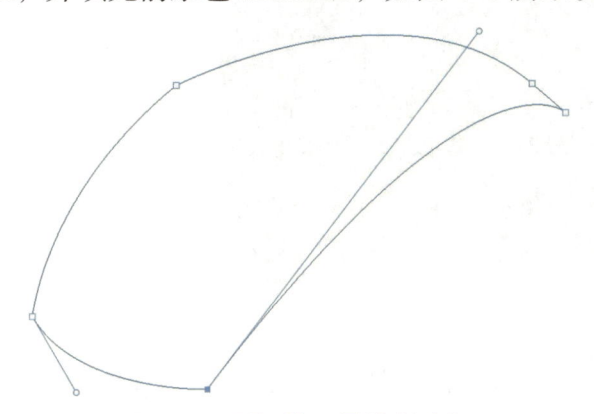

图 4-7　用钢笔工具绘制路径　　　　　图 4-8　填充前景色

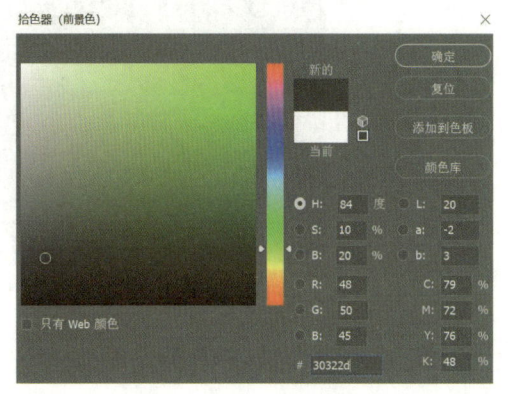

> **提示**
>
> 在进行绘制的过程中要不断地双击工作路径进行路径的存储，这样方便在后面进行更改的时候，随时能够调用路径，并且能够对路径进行单独的调整，方便修改操作。

（4）在"图层"调板中单击"创建新图层"按钮，新建图层并命名为"鼠标侧面"，继续使用钢笔工具绘制鼠标侧面，任意选择一个颜色填充该路径，如图 4-9 所示。

（5）双击"鼠标侧面"图层，为图层添加"渐变叠加"图层样式，效果如图 4-10 所示。渐变效果的左侧色彩滑块的数值是 #9A9A92，中间色彩滑块的数值是 #7B784F，右侧色彩滑块的数值是 #54544E，并调整角度，如图 4-11 所示。

图 4-9　绘制鼠标侧面　　　　　图 4-10　渐变填充效果

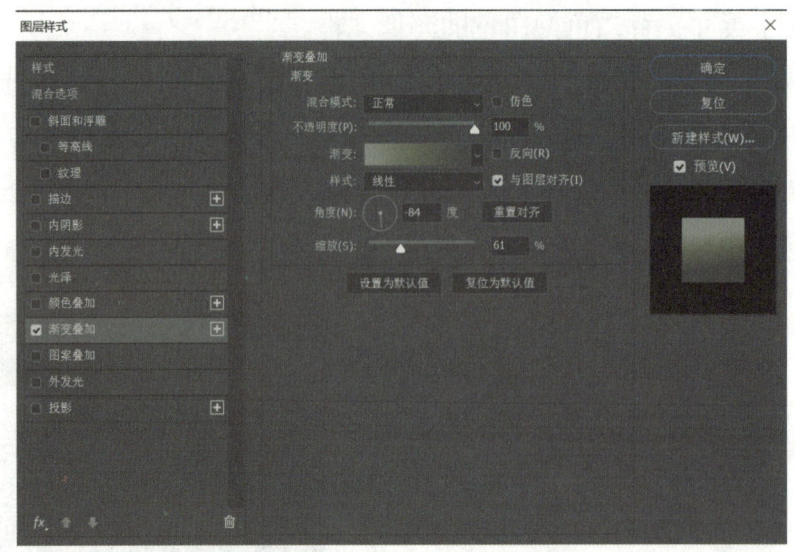

图 4-11　渐变填充编辑器

（6）在"图层"调板中单击"创建新图层"按钮，新建图层并命名为"鼠标前面"，运用钢笔工具进行鼠标前面部分的绘制，如图 4-12 所示。

> **提 示**
>
> 在进行绘制的过程中要不断地新建图层，这样方便后面在进行更改的时候，随时能够找到需要进行调整的图层，从而方便进行图层样式的设定，或者对图层的相关编辑，也可以方便地在所在图层上添加效果。

（7）新建图层并命名为"顶部滑轮"，运用钢笔工具进行鼠标顶部滑轮部分的绘制，如图 4-13 所示。

图 4-12　绘制鼠标前面　　　　　　图 4-13　绘制鼠标顶部滑轮

> **提 示**
>
> 在运用钢笔工具进行曲线绘制的时候要注意，尽量使锚点连接的线平滑，尽量让锚点的拉柄顺着曲线的走向，这样绘制出的线条才能更流畅，效果平顺，不出现生硬的角。如果碰到尖锐的拐角线条，则要转换夹角处的锚点性质，使线条看上去更自然，转角处更真实。

（8）新建图层并命名为"侧面凹陷"，运用钢笔工具进行鼠标侧面凹陷部分的绘制，如图 4-14 所示。

图 4-14　绘制鼠标侧面凹陷

（9）为鼠标侧面凹陷添加图层样式效果，使鼠标的立体感和光泽感加强。渐变的左边滑块的数值是 #747771，中间滑块的数值是 #E5E7E4，右边滑块的数值是 #858480，并调整角度，如图 4-15 所示。

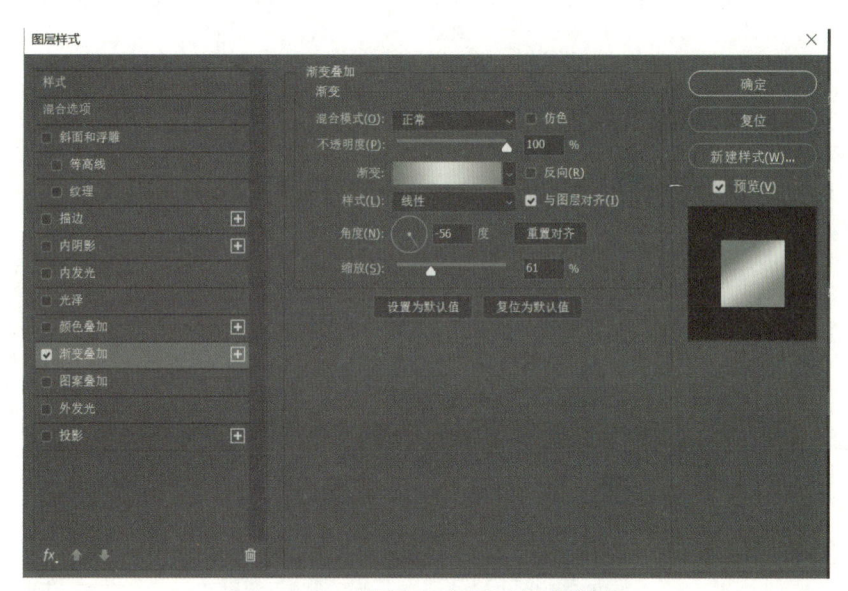

图 4-15　侧面凹陷图层样式参数

（10）新建图层并命名为"侧面按钮"，运用钢笔工具进行鼠标侧面凹陷内按钮的绘制，如图 4-16 所示。

图 4-16　绘制鼠标侧面凹陷内按钮

2. 添加立体效果

（1）选择钢笔工具，绘制鼠标高光转折面路径，并选择"滤镜"→"模糊"→"动感模糊"命令使鼠标侧面转折处产生光泽感，突出立体效果，如图 4-17 所示。

（2）用钢笔工具把鼠标细节处的光感绘制出路径，选择"滤镜"→"模糊"→"高斯模糊"命令完成鼠标的最终效果，如图 4-18 所示。

图 4-17 鼠标转折面高光效果　　　　图 4-18 鼠标细节光感效果

练习巩固

根据"鼠标绘制"案例的方法，绘制矢量风格图像，如图 4-19 所示。

图 4-19 矢量风格图像

任务 4.2　绘制网页播放器按钮

任务目标

本任务要求通过使用形状工具，绘制形状图层，并修正其内容，绘制网页播放器按钮，效果如图 4-20 所示。

图 4-20　网页播放器效果

相关知识

1. 形状工具

形状工具是比较典型的矢量类型工具，它包括矩形工具、圆角矩形工具、椭圆工具、多边形工具、直线工具和自定形状工具，如图 4-21 所示。

每一种形状工具都对应不同的工具选项栏，其中圆角矩形工具的半径选项控制圆角的大小，如果设置的量相对较大，超过绘制矩形的形状，可以绘制出胶囊形状。

图 4-21　形状工具组

2. 形状图层

选择形状图层绘制模式后，在"图层"调板自动产生的形状图层上绘制的路径自动闭合形成矢量图形，默认为纯色（前景色）填充。

矢量图形可以用来创建自定形状库，也可以编辑形状的轮廓（称为路径）及通过选择

"图层"→"更改图层内容"命令（如描边、填充颜色和样式）更改形状图层的属性，如图 4-22 所示。

图 4-22　形状图层

注意：

（1）形状图层即在单独的图层中创建形状。形状图层包含定义形状颜色的填充图层以及定义形状轮廓的链接矢量蒙版。

（2）形状轮廓是路径，它出现在"路径"面板中，可以使用形状工具或钢笔工具创建形状图层。

（3）只有在形状图层栅格化后才可以在其上使用位图工具。

（4）保持形状图层（不进行栅格化及合并）的好处是可以随意放大及缩小画布，而图像本身不失真。

（5）可以通过选择"编辑"→"键盘快捷键"命令为菜单命令附加快捷键。

实现步骤

（1）选择"文件"→"新建"命令，新建 500 像素 ×500 像素、分辨率为 100 像素 / 英寸，颜色模式为 RGB、名称为"按钮"的图像。

（2）在"图层"面板上单击"创建新图层"按钮，新建一个图层，命名为"金属圆"，选择椭圆形状工具 ，按住 Shift 键绘制正圆，填充前景色，如图 4-23 所示。

图 4-23　绘制正圆

（3）双击"金属圆"图层，打开"图层样式"对话框，在其中选择"渐变叠加"样式，单击"渐变颜色"右侧的下三角按钮，追加渐变库中的金属渐变选择"银色渐变"，参数设定如图 4-24 所示。

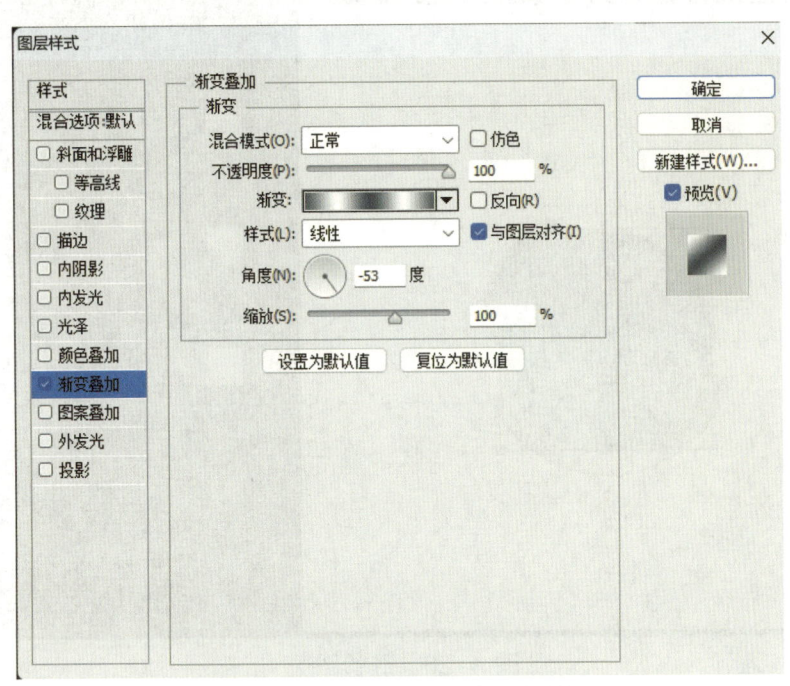

图 4-24 "图层样式"对话框

（4）在"图层样式"对话框中选择"描边"样式，其中描边大小为 1 像素，"位置"选择"外部"，"填充类型"选择"渐变"，渐变颜色选择由黑色到白色，"样式"选择"线性"，"角度"设为 85 度，如图 4-25 所示。

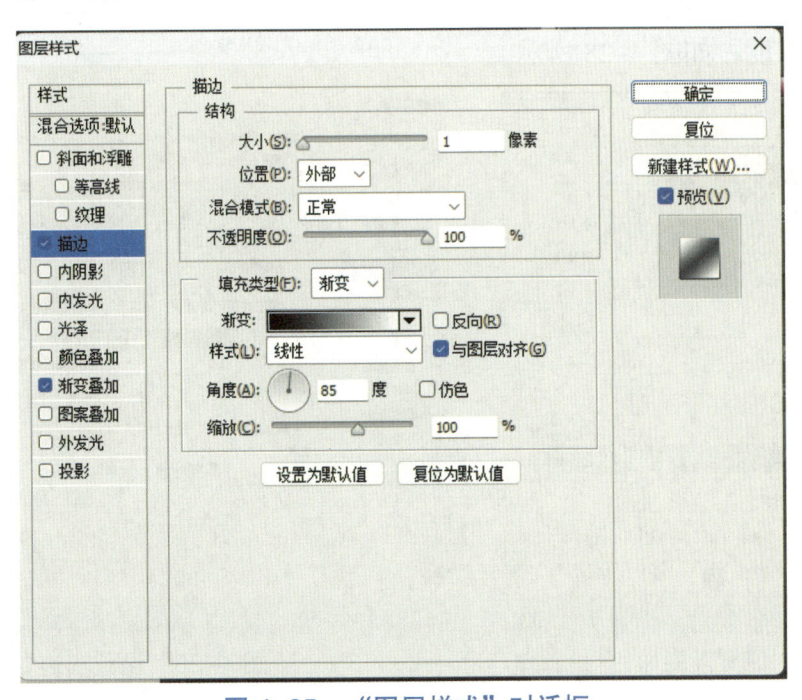

图 4-25 "图层样式"对话框

（5）复制"金属圆"图层，更改图层名称为"蓝色圆"，执行自由变换（快捷键"Ctrl+T"），按住"Alt+Shift"组合键，中心点不变向内收缩蓝色圆，如图4-26所示。

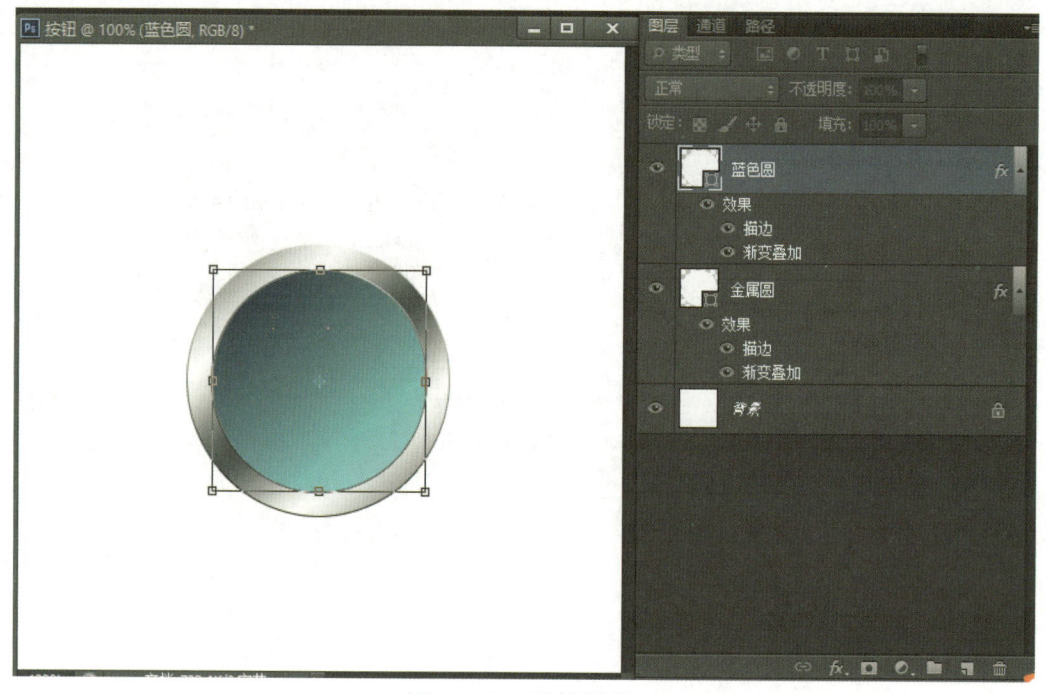

图4-26　形状图层

（6）调整复制图层的样式参数，样式选择"径向渐变"，颜色参数设定如图4-27所示，左侧滑块颜色数值为#002B44，右侧滑块颜色数值为#00FCFF。

（7）在"图层样式"对话框中勾选"描边"复选框，其中描边大小为1像素，"位置"选择"外部"，"填充类型"选择"渐变"，渐变颜色选择由黑色到白色，"样式"选择"线性"，角度设为85度，如图4-28所示。

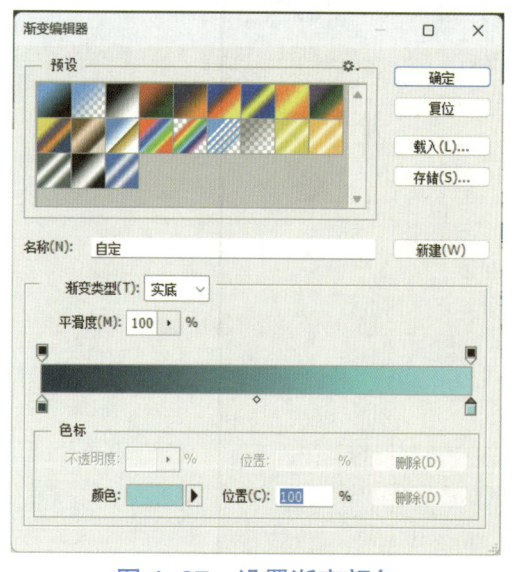

图4-27　设置渐变颜色　　　　　　　　图4-28　设置描边参数

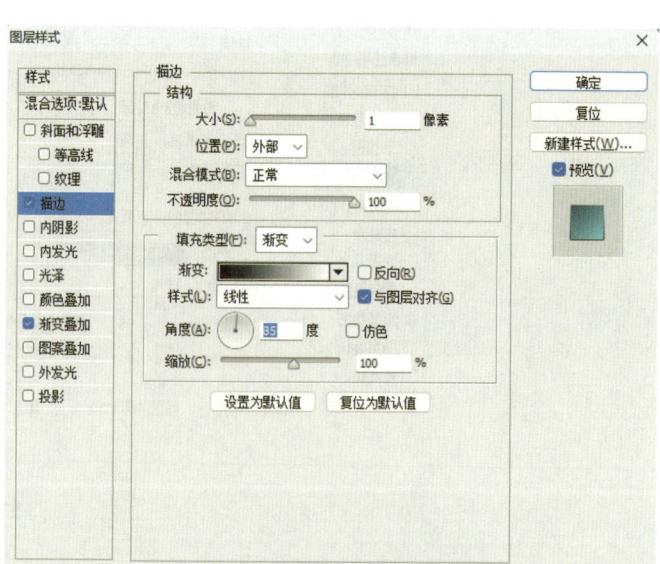

（8）新建图层，命名为"高光"，使用椭圆工具绘制椭圆路径，填充为白色到透明的渐变色彩，用同样的方法制作蓝色圆下部的高光，如图4-29所示。

图4-29 高光效果

（9）新建图层，命名为"箭头"，在自由形状工具中载入形状，选择箭头6，设置图层样式为"内阴影"，效果如图4-30所示。

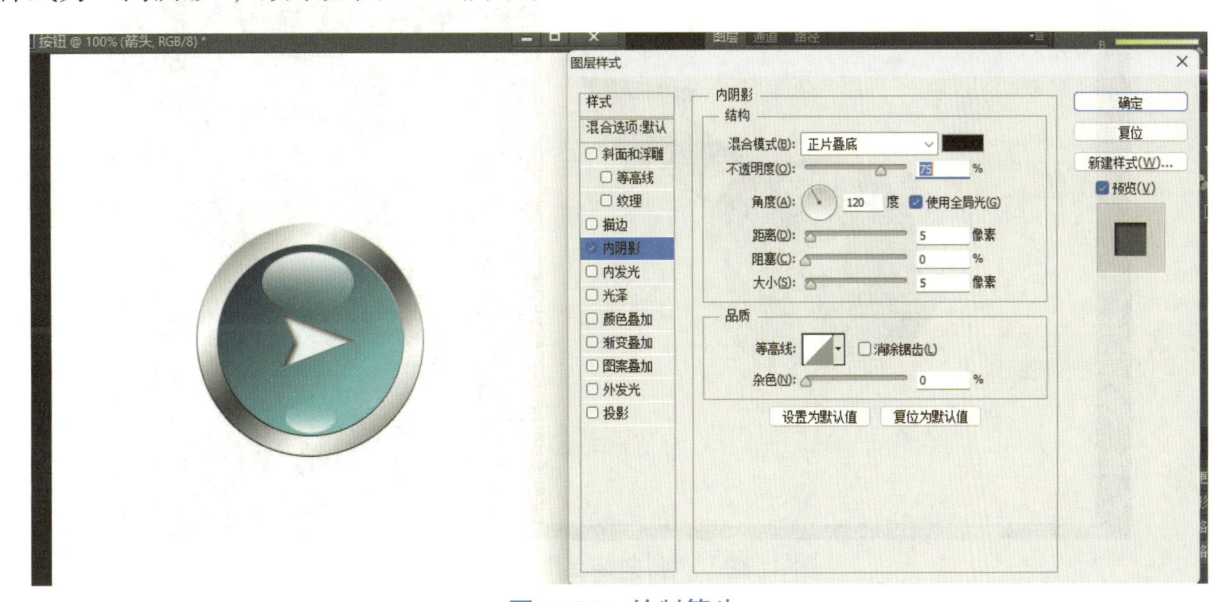

图4-30 绘制箭头

（10）新建图层，命名为"斜向箭头"，移动"斜向箭头"图层到"金属圆"图层的下方，选择自由形状中的箭头9，在圆的右上方绘制斜向箭头。自由变换，旋转箭头的方向到合适的位置，如图4-31所示。

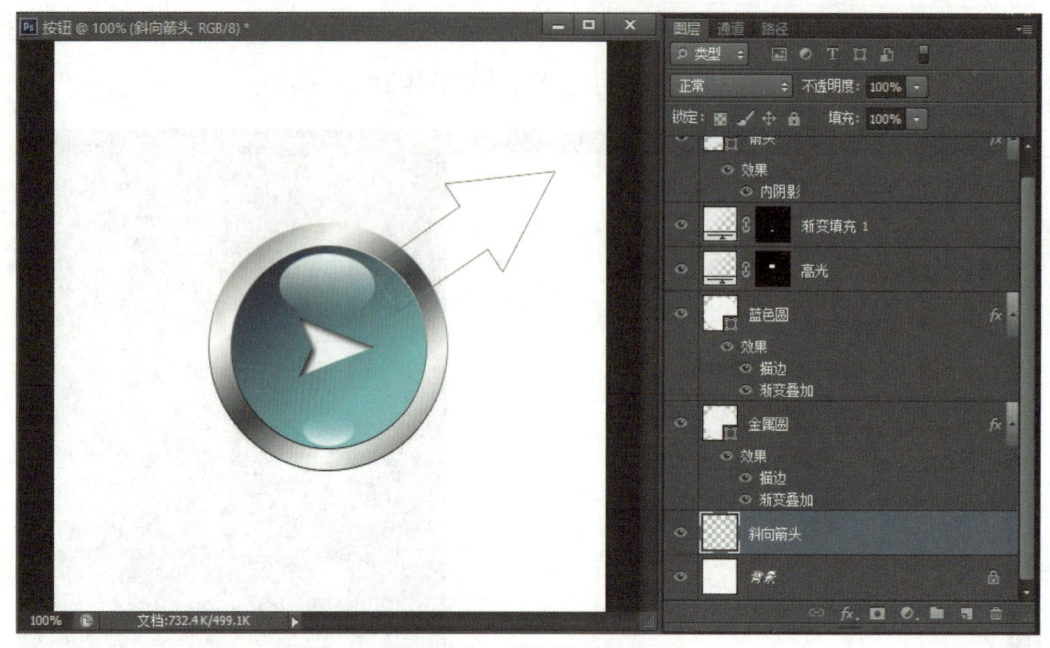

图 4-31 绘制斜向箭头

（11）双击"斜向箭头"图层，对该图层设置图层样式为"渐变叠加"，选择银色渐变，描边为黑色，参数设定如图 4-32 所示。

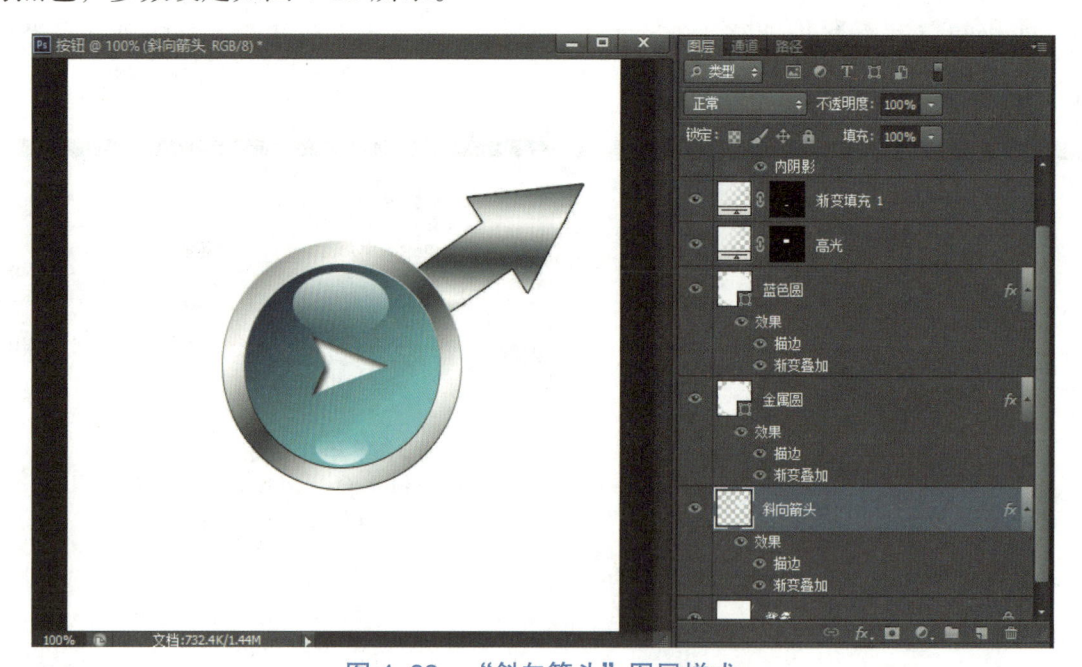

图 4-32 "斜向箭头"图层样式

（12）复制"斜向箭头"图层，更改图层名称为"斜向箭头 2"，执行自由变换，并且按住"Alt+Shift"组合键，以中心点向内收缩斜向箭头，调整图层样式参数，选择"渐变叠加"，调整为黑白渐变，并取消描边。参数设定如图 4-33 所示。

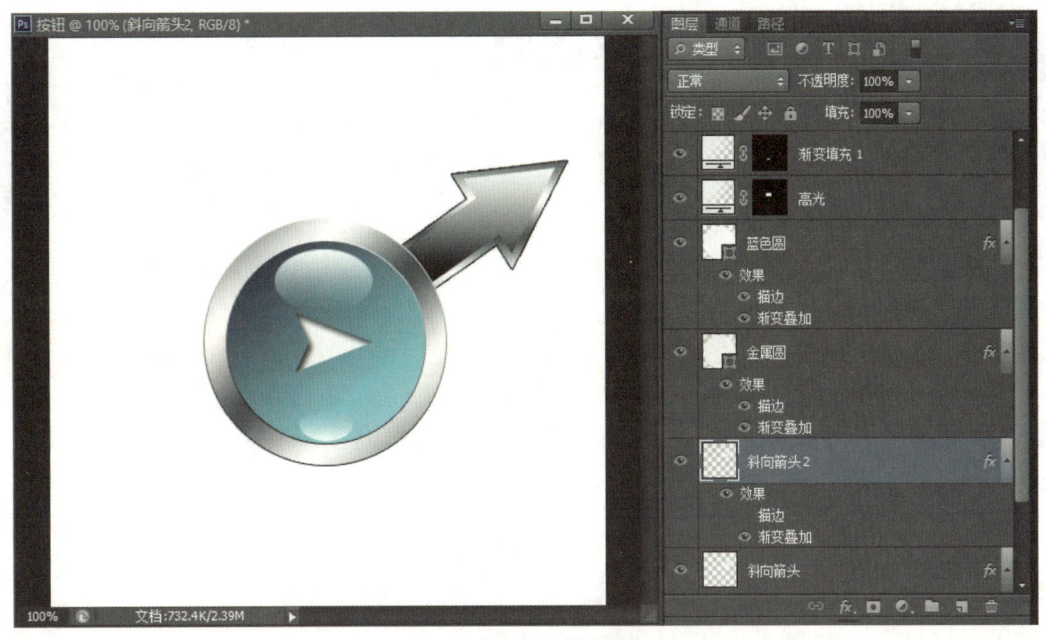

图 4-33　形状效果

（13）选择文字工具，输入"开始"，执行自由变换，调整文字的大小方向，双击文字图层，设置文字的图层样式为"渐变叠加"，参数设定如图 4-34 所示。

（14）为文字图层添加"描边"图层样式，"颜色"为黑色，"大小"为 1 像素，"位置"选择"外部"，如图 4-35 所示，完成图像制作。

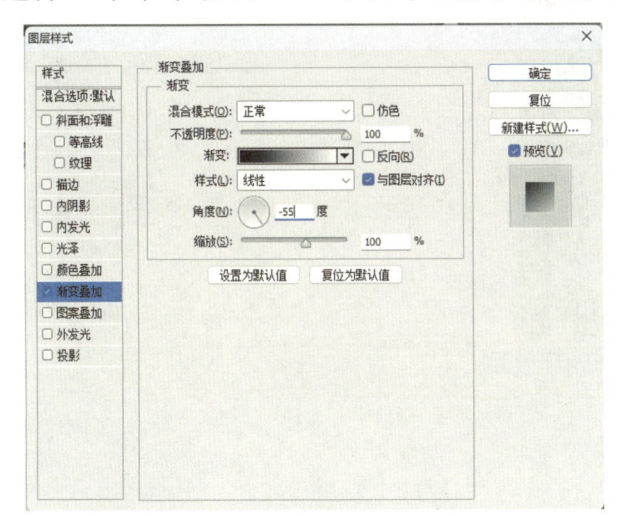

图 4-34　"渐变叠加"图层样式　　　　图 4-35　"描边"图层样式

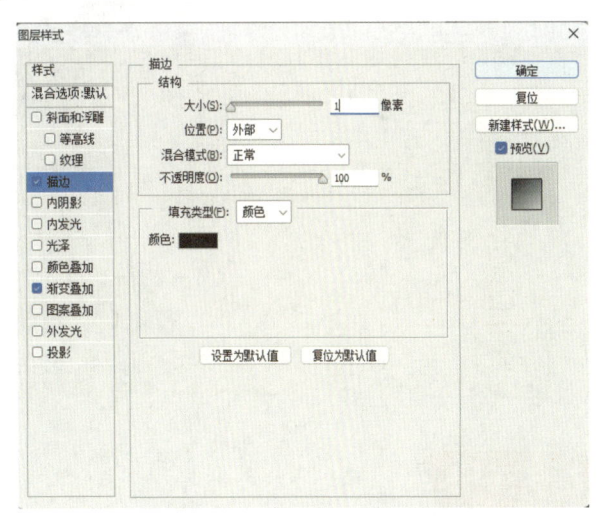

练习巩固

使用形状工具，系统一定会自动生成形状图层吗？

任务 4.3　制作炫彩光环效果

任务目标

首先运用钢笔工具绘制路径，通过设置画笔并运用画笔描边路径，制作出图 4-36 所示的效果。

图 4-36　炫彩光环效果

相关知识

熟练运用工具箱中的绘图工具是学习 Photoshop CC 2022 的一个重要环节，只有熟练掌握了各种绘图工具的操作技巧，才能在图像编辑处理中做到游刃有余。

1. 设置画笔

1）画笔的功能

绘画是用绘图工具更改像素的颜色，而使用画笔是使用绘图工具的重要部分。使用画笔的基本步骤如下。

（1）指定前景色。

（2）选择画笔。

（3）在工具栏中单击"画笔"选项右侧的下三角按钮，弹出"画笔预设"调板，如图4-37所示，从中可以选择不同类型和大小的画笔。

（4）在图像中拖曳进行绘画。

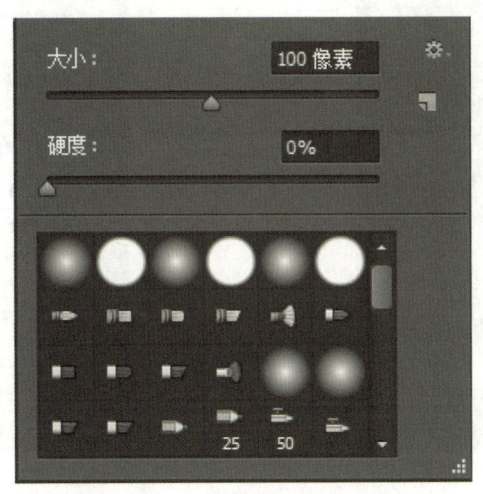

图 4-37 "画笔预设"调板

> **提示**
>
> 要绘制直线，可在图像中单击起点，然后按 Shift 键并单击终点。

2）创建新画笔和自定义画笔

（1）创建新画笔。在创作时，除了 Photoshop 所提供的画笔样式，用户还可以通过自己建立新画笔来绘制图形。

操作步骤如下。

①在工具箱中选择画笔。

②选择"窗口"→"画笔"命令或者按 F5 键打开"画笔"面板，如图 4-38 所示。

③单击右下角的"创建新画笔"按钮创建新的画笔预设（单击"删除画笔"按钮，可以将不需要的画笔预设删除）。

（2）自定义画笔。可以通过编辑其选项来自定义画笔笔尖，并通过采集图像中的像素样本来创建新的画笔笔尖形状。所选的画笔笔尖决定了画笔笔迹的形状、直径和其他特性。

3）更改画笔设置

操作步骤如下。

（1）在工具箱中选择画笔工具，在选项栏中打开"画笔"面板，选择"画笔笔尖形状"选项，如图 4-39 所示。

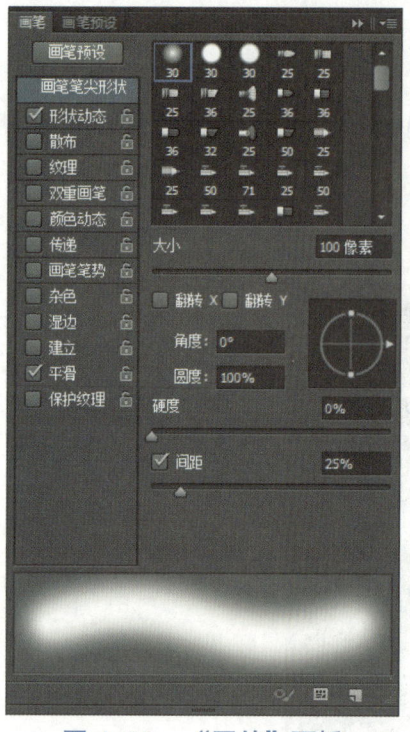

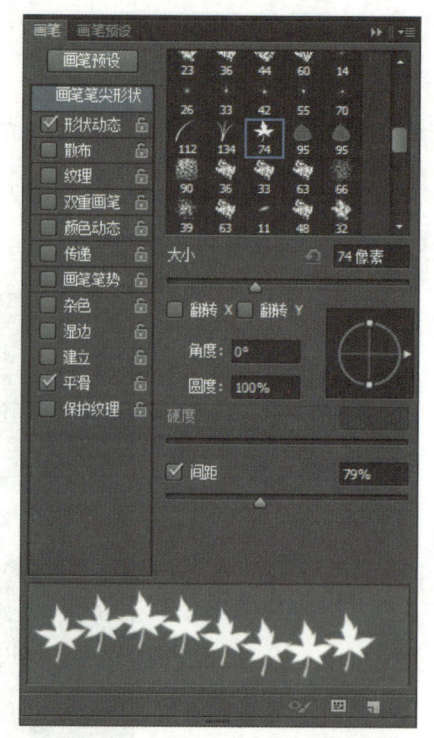

图 4-38　"画笔"面板　　　　　　　图 4-39　设定画笔笔尖形状

（2）设置参数如下。

①大小：定义画笔直径大小。

②硬度：定义画笔边界的柔和程度。不能更改样本画笔的硬度，拖动滑杆上的滑块或在其数值框中输入 0%~100% 的数值，如图 4-40 所示。

③间距：控制描边中两个画笔笔迹之间的距离。当取消选择此选项时，光标的速度决定间距，如图 4-41 所示。

图 4-40　画笔笔尖的硬度　　　　　　图 4-41　画笔笔尖的间距

④角度：指定椭圆画笔或样本画笔的长轴从水平方向旋转的角度。

⑤圆度：指定画笔短轴和长轴的比率。100%时是正圆，0%时椭圆外形最扁平，介于两者之间的值表示椭圆画笔。

⑥翻转 X：改变画笔笔尖在 X 轴上的方向，如图 4-42 所示。

⑦翻转 Y：改变画笔笔尖在 Y 轴上的方向，如图 4-43 所示。

图 4-42　翻转 X 轴画笔笔尖　　　　　图 4-43　翻转 Y 轴画笔笔尖

除了上述参数，还可以设置画笔的其他效果，比如"纹理""双重画笔""颜色动态"等。

（3）更改完成后，保留更改后的设置即可。

4）管理画笔

（1）保存画笔。新建的画笔若以后还需要使用，可以将"画笔"面板的设置保存起来，如图 4-44 所示。

操作步骤如下。

①选择"画笔"面板菜单中的"存储画笔"命令。

②打开"存储"对话框，在对话框中设置保存的文件名和位置。

③单击"保存"按钮。保存后的文件格式为"*.abr"。

（2）载入画笔。用户可以载入已保存的或 Photoshop 所提供的其他的画笔样式，如图 4-45 所示。

操作步骤如下。

①在"画笔"面板菜单中选择"载入画笔"命令，打开"载入"对话框。

②在"载入"对话框中选择扩展名为".abr"的画笔文件，单击"载入"按钮即可。

图 4-44　保存画笔　　　　　　　　图 4-45　载入画笔

（3）删除画笔。若不想保留创建的画笔，可以对该画笔进行删除。

操作步骤如下。

在"画笔"面板中选择要删除的画笔，然后选择"画笔"面板菜单中的"删除画笔"命令，也可以在准备删除的画笔上单击鼠标右键，在弹出的快捷菜单中选择"删除画笔"命令，或在选择画笔后，单击"画笔"面板底部的 🗑 按钮。

（4）替换画笔。选择"画笔"面板菜单中的"替换画笔"命令，可以打开"替换"对话框，从中选择要使用的画笔文件，单击"载入"按钮就可以载入新画笔，同时替换"画笔"面板中原有的画笔。

（5）复位画笔。选择"画笔"面板菜单中的"复位画笔"命令，可以将"画笔"面板中的所有画笔设置恢复为初始的默认状态。选择"复位画笔"命令后出现提示"要用默认画笔替换当前画笔吗？"，单击"好"按钮将替换原有画笔，单击"追加"按钮则在保留原有画笔的基础上增加新载入的画笔。

（6）重命名画笔。选择"画笔"面板菜单中的"重命名画笔"命令，可以对当前所选中的画笔进行重新命名，如图 4-46 所示。

图 4-46　重命名画笔

（7）更改预设画笔的显示方式。从"画笔"面板菜单中选择显示选项。

①纯文本：以列表形式查看画笔。

②小缩览图或大缩览图：以缩览图形式查看画笔。

③小列表或大列表：以列表形式查看画笔（带缩览图）。

④描边缩览图：查看样本画笔描边（带每个画笔的缩览图）。

2. 画笔工具

画笔工具属性栏如图4-47所示。

图4-47 画笔工具属性栏

画笔工具属性栏中各主要选项的含义如下。

（1）图标：单击此图标，可弹出"工具预设"调板。

（2）"画笔"选项：单击该选项右侧的下三角按钮，弹出"画笔预设"调板，如图4-48所示。该调板中的"大小"选项用于设置当前画笔的笔触大小，拖动下方的滑块设置笔触大小，也可以在右侧的数值框中直接输入笔触的大小，单击"大小"数值框右侧的三角形按钮，弹出调板菜单，如图4-49所示；"硬度"选项用于设置画笔笔触的软硬度，设置的数值越大，笔触的边缘越清晰，设置的数值越小，笔触的边缘越柔和。

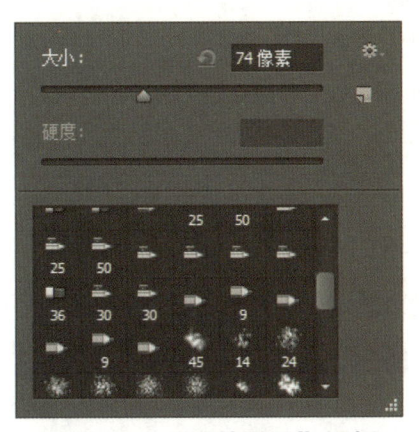

图4-48 "画笔预设"调板　　　　图4-49 调板菜单

（3）"模式"下拉列表框：在该下拉列表框中可以选择绘图时的混合模式。这些混合模式与"图层"调板中混合模式的作用大致相同，在此不再赘述。

（4）"流量"滑块：设置在绘画时画笔压力的大小，可以在数值框中输入1~100的整数值，也可以拖动滑块进行调节。流量值越大，画出的颜色越深；流量值越小，画出的颜色越浅。

（5）"喷枪"按钮：单击该按钮，可启用喷枪功能，使用时绘制的线条会因鼠标的停留而逐渐变粗。

3. 铅笔工具

铅笔工具 可以在当前图层或所选择的区域内模拟铅笔的效果进行绘画，画出的线条硬、有棱角，就像实际生活中使用铅笔绘制的图形一样。

操作步骤如下。

（1）首先在工具箱中选择铅笔工具，然后选择一种前景色。

（2）在铅笔工具属性栏中设置铅笔的形状、大小、模式、不透明度和流量等参数。铅笔工具属性栏如图4-50所示。

图4-50 铅笔工具属性栏

（3）在绘图区鼠标指针变为相应的形状时便可开始绘画。

在铅笔工具属性栏中有一个"自动抹除"复选框。勾选此复选框可以实现自动擦除的功能，可以在前景色上绘制背景色。

> **提示**
>
> （1）自定义工作区后，可在"工作区"下拉菜单中选择"存储工作区"命令，对工作区进行存储，以方便下次直接调用。
>
> （2）Photoshop附带的画笔文件位置在Photoshop安装目录的"Photoshop\Presets\Brushed"文件夹下。

实现步骤

（1）按"Ctrl+O"组合键，打开素材图像，如图4-51所示。

（2）单击"图层"调板中的"创建新图层"按钮，新建"图层1"。选择钢笔工具，在图像编辑窗口中单击，绘制一条曲线路径，如图4-52所示。

图 4-51　素材图像　　　　　　图 4-52　绘制曲线路径

（3）选择转换点工具，调整曲线，如图 4-53 所示。

（4）选择工具箱中的画笔工具，按 F5 键以显示"画笔"调板，设置"画笔笔尖形状"参数，如图 4-54 所示。

（5）在"画笔"调板左侧的动态参数区中勾选"形状动态"复选框，并按照图 4-55 所示进行参数设置。

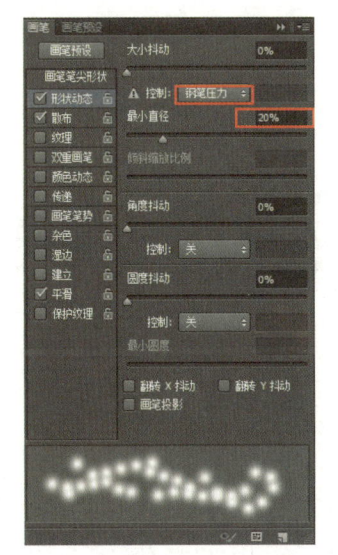

图 4-53　调整曲线　　　图 4-54　设置"画笔笔尖形状"参数　　　图 4-55　设置"形状动态"参数

（6）在"画笔"调板左侧的动态参数区中勾选"散布"复选框，并按照图 4-56 所示进行参数设置。

（7）设置前景色为白色，选择钢笔工具，在视图窗口中单击鼠标右键，在弹出的快捷菜单中选择"描边子路径"命令，如图 4-57 所示。

图 4-56　设置"散布"参数　　　　　图 4-57　"描边子路径"命令

（8）在"描边子路径"对话框中选择"画笔"选项，并勾选"模拟压力"复选框，如图 4-58 所示，单击"确定"按钮，描边路径效果如图 4-59 所示。

（9）单击"路径"调板中的"删除当前路径"按钮，删除当前路径，效果如图 4-60 所示。

图 4-58　"描边子路径"对话框　　图 4-59　描边路径效果　　图 4-60　删除当前路径效果

（10）选择"图层"→"图层样式"→"外发光"命令，在弹出的"图层样式"对话框中进行设置，如图 4-61 所示，单击"确定"按钮，效果如图 4-62 所示。

（11）单击"图层"调板中的"添加矢量蒙版"按钮，创建图层蒙版，设置前景色为黑色；选择工具箱中的画笔，在画笔工具属性栏中设置画笔的大小为 50 像素，硬度为 0%，然后在图像上进行涂抹，效果如图 4-63 所示。

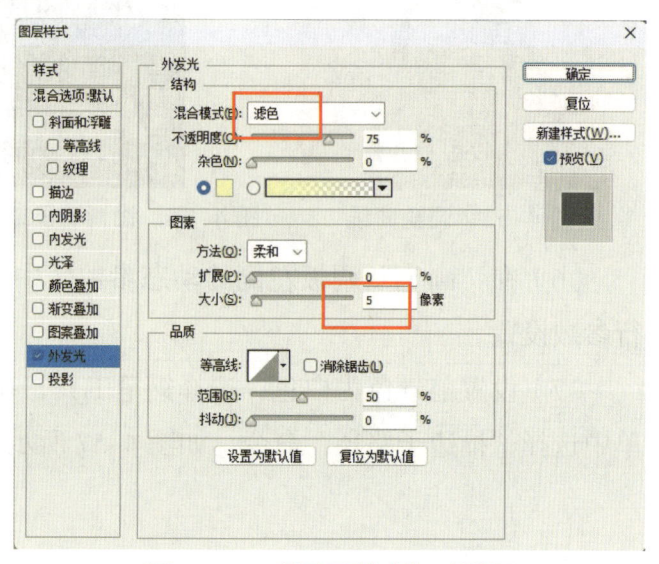

图 4-61　"图层样式"对话框

图 4-62 外发光效果　　　　　　　图 4-63 涂抹效果

（12）应用图层蒙版，然后单击"图层"调板中的"创建新图层"按钮，新建图层，选择渐变工具，单击"点按可编辑渐变"图标，在打开的"渐变编辑器"窗口中选择"色谱"选项（图 4-64），进行线性渐变填充，效果如图 4-65 所示。

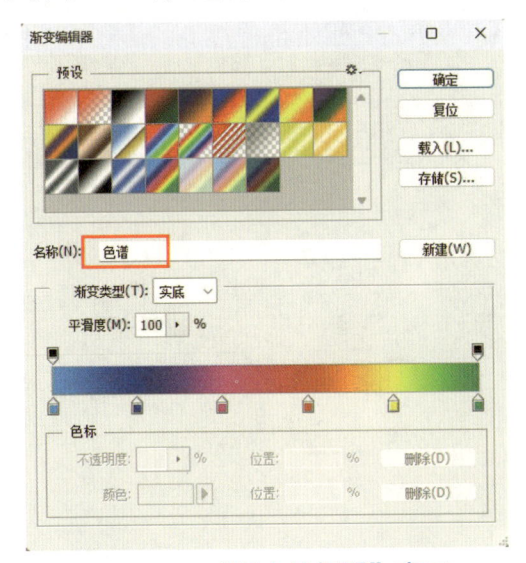

图 4-64 "渐变编辑器"窗口　　　　图 4-65 线性渐变填充效果

（13）按住 Ctrl 键，单击"图层 1"，将其作为选区载入（图 4-66），选择"选择"→"反向"命令，反选选区，按 Delete 键删除选区内容，如图 4-67 所示。

（14）按"Ctrl+D"组合键，取消选区，单击"图层"调板，设置"图层 2"的混合模式为"柔光"，效果如图 4-68 所示。

（15）因为颜色太淡，所以将"图层 2"复制两层，叠加在一起，效果如图 4-36 所示。

79

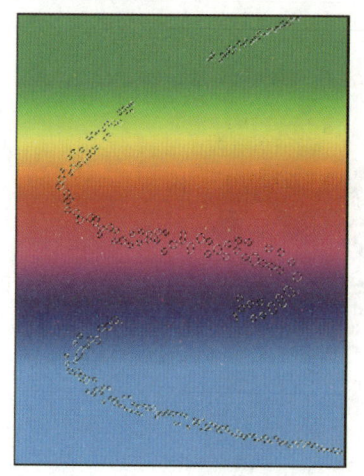

图 4-66　载入选区　　　　图 4-67　删除选区内容效果　　　　图 4-68　设置图层混合模式

练习巩固

用画笔绘制图 4-69 所示的效果图。

图 4-69　效果图

项目 5
图层与图层样式

知识目标

（1）了解图层的基本功能。

（2）了解图层样式及图层混合模式的应用方法和技巧。

（3）掌握图层的类型及特点。

能力目标

（1）能够进行各种图层的操作。

（2）能够进行图层混合模式的操作。

素养目标

（1）培养学生科学的审美素养。

（2）引导学生了解中国传统文化，用好中国元素。

任务 5.1 使用图层混合模式实现"人物变装"

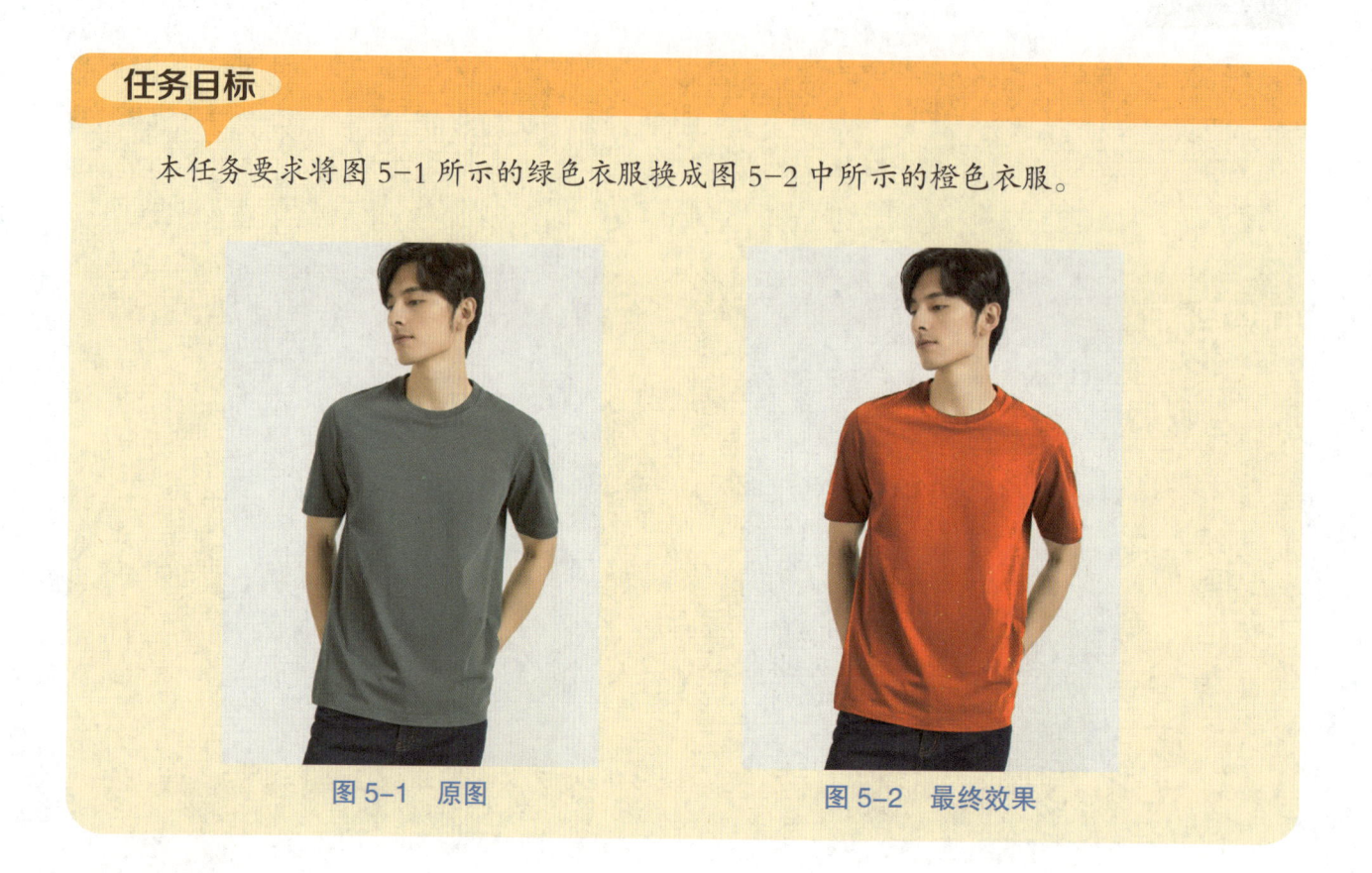

任务目标

本任务要求将图 5-1 所示的绿色衣服换成图 5-2 中所示的橙色衣服。

图 5-1　原图

图 5-2　最终效果

相关知识

图层可以理解为一张张上下顺序叠起来的透明纸,没有绘制内容的区域是透明的,透过透明区域可看到下面图层的内容,而每个图层上绘制的内容叠加起来就构成了完整的图像,如图 5-3 所示。

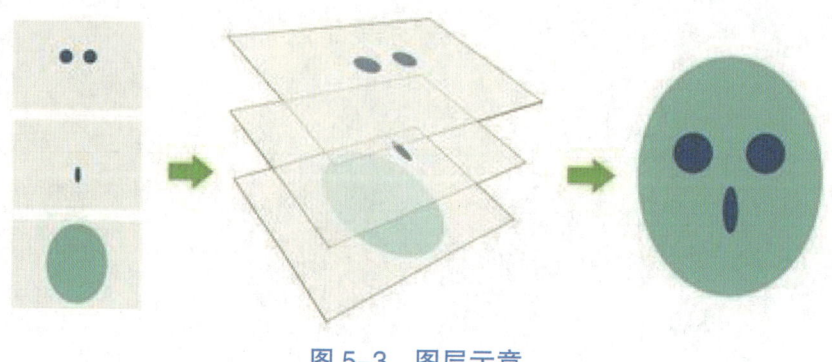

图 5-3　图层示意

每一个图层都有独立性，可以将图像的不同元素绘制在不同的图层上，这样在对本图层的元素进行编辑修改时，不会影响其他图层。另外，在图层上还可以单独使用调整图层、填充图层、图层蒙版和图层样式等特殊功能，使图像产生特殊的效果。

Photoshop CC 2022 提供了多种可以直接应用于图层的混合模式，不同的颜色混合将产生不同的效果，适当地使用混合模式会使图像呈现意想不到的效果。

在理解图层的混合模式时，首先要了解 3 个和颜色有关的名词，即基色、混合色、结果色。"基色"是指图像中的原稿颜色，这里可以理解为两个图层中位于下面的图层；"混合色"是指通过绘画或编辑工具应用的颜色，这里可以理解为两个图层中位于上面的图层；"结果色"是指混合后得到的颜色，这里可以理解为上下叠加的两个图层混合后得到的最终颜色。

在"图层"调板中，单击"设置图层的混合模式"下拉按钮，在弹出的下拉列表中可以选择各种混合模式，如图 5-4 所示。

各混合模式的含义如下。

（1）正常：这是图层的默认混合模式，应用这种混合模式，新的颜色和图案将完全覆盖原始图层，或混合颜色完全覆盖下面的图层，成为最终效果，如图 5-5 所示。

图 5-4 混合模式选项

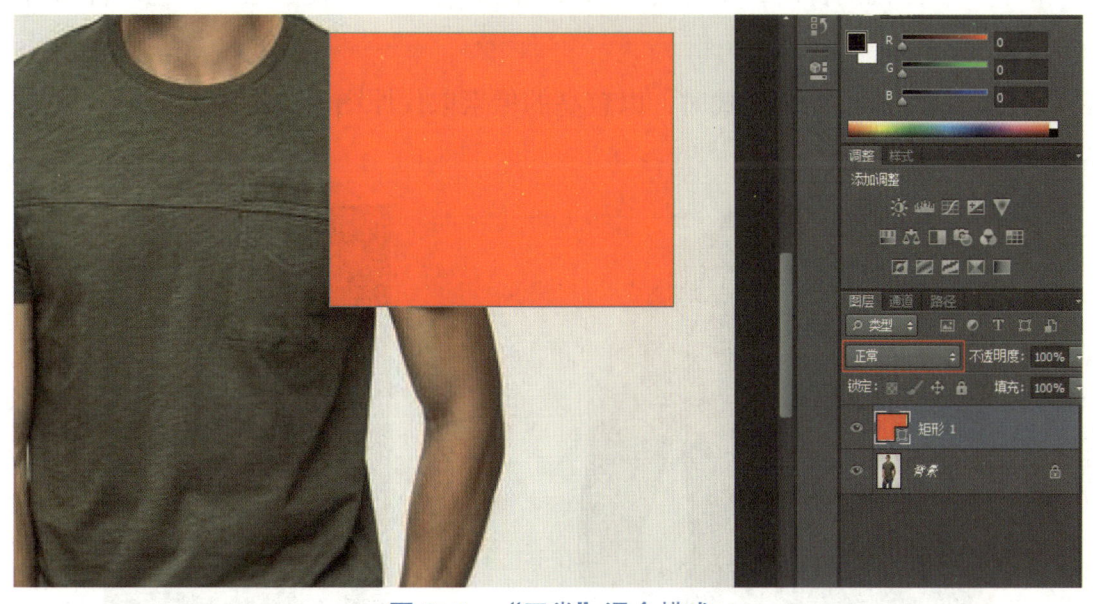

图 5-5 "正常"混合模式

（2）溶解：编辑或绘制每个像素，使其成为结果色。但是，根据任何像素位置的不透明度，结果色由基色或混合色的像素随机替换。

（3）变暗：将显示上方图层与下方图层中比较暗的颜色作为像素的最终颜色，所有亮于下方图层的颜色将被替换，暗于底色的颜色将保持不变。

（4）正片叠底：将当前图层颜色像素值与下一图层同一位置的像素值相乘，再除以255，得到的效果比原来图层暗很多，如图5-6所示。

图5-6　"正片叠底"混合模式

（5）颜色加深：该混合模式通过查看每个通道的颜色信息，增加对比度以加深图像的颜色，用于创建暗的阴影效果。

（6）线性加深：查看每个通道的颜色信息，并通过增加对比度使基色变暗以反映混合色，与白色混合后不产生变化。

（7）深色：在绘制图像时，系统会将像素的暗调降低，以显示绘图颜色，若用白色绘图将不改变图像颜色。

（8）变亮：应用这种混合模式时，以较亮的像素取代原图像中较暗的像素，但是较亮的像素不变，如图5-7所示。

图5-7　"变亮"混合模式

（9）滤色：该混合模式与"正片叠底"混合模式正好相反，它是将绘制的颜色与底色的互补色相乘，再除以255得到的结果作为最终混合效果，该混合模式转换后的颜色通常很浅。

（10）颜色减淡：该混合模式用于查看每个通道的颜色信息，通过增加对比度从而使颜色变亮，使用该混合模式可以生成非常亮的合成效果。

（11）线性减淡（添加）：该混合模式用于查看每个通道的颜色信息，通过降低亮度使颜色变亮，而且呈线性混合。

（12）浅色：在绘制图像时，系统将像素的亮度提高，以显示绘图颜色，若用黑色绘图将不改变图像颜色。

（13）叠加：该混合模式的最终效果取决于下方图层，但上方图层的明暗对比效果也将直接影响整体效果，叠加后下方图层的亮度区与阴影区仍被保留。

（14）柔光：该混合模式用于调整绘图颜色的灰度。当绘图颜色灰度小于50%时，图像将变亮，反之则变暗。

（15）强光：该混合模式根据混合色的不同，使像素变亮或变暗。若混合色比50%灰度亮，则原图像变亮；若混合色比50%灰度暗，则原图像变暗。该混合模式特别适用于为图像增加暗调。

（16）亮光：若图像的混合色比50%灰度亮，系统将通过降低对比度来加亮图像；反之，则通过提高对比度来使图像变暗。

（17）线性光：若图像的混合色比50%灰度亮，系统将通过提高对比度来加亮图像；反之，则通过降低对比度来使图像变暗。

（18）点光：该混合模式根据颜色亮度将上方图层颜色替换为下方图层颜色。若上方图层颜色比50%的灰度高，则上方图层颜色被下方图层颜色取代，否则保持不变。

（19）实色混合：该混合模式将会根据上、下两个图层中图像的颜色分布情况，取两者的中间值，对图像中相交的部分进行填充。运用该混合模式可以制作出强对比度的色块效果。

（20）差值：该混合模式以绘图颜色和底色中较亮的颜色减去较暗颜色的亮度作为图像的亮度，因此，绘制颜色为白色时可使底色反相，绘制颜色为黑色时原图像不变。

（21）排除：该混合模式将与"差值"混合模式相似但对比度较低的效果排除。

（22）色相：该混合模式混合后的图像亮度和饱和度由底色决定，但色相由绘制颜色决定。

（23）饱和度：该混合模式将下方图层的亮度和色相值与当前图层饱和度进行混合。若当前图层的饱和度为0，则原图像的饱和度也为0，混合后亮度和色相与下方图层相同。

（24）颜色：该混合模式采用底色的亮度及上方图层的色相饱和度的混合作为最终色。

85

该混合模式可保留原图像的灰阶，对图像的色彩微调非常有帮助。

（25）明度：该混合模式下最终图像的像素值由下方图层的色相/饱和度值及上方图层的亮度构成。

设置图层的混合模式可按以下步骤操作。

（1）在"图层"调板上选择要更改混合模式的图层。

（2）单击"图层"调板左侧的"设置图层的混合模式"下拉列表框，弹出"混合模式"子菜单，从中选择混合模式即可。

实现步骤

（1）打开素材（图5-1），更改图层名称为"颜色"。

（2）选择工具箱中的多边形套索工具，沿着人物的上衣外轮廓绘制选区，如图5-8所示。

（3）按"Ctrl+J"组合键新建图层，设置前景色为#ff3300，按"Alt+Delete"组合键填充前景色，如图5-9所示。

图5-8 绘制选区　　　　　图5-9 填充前景色

（4）把图层混合模式由"正常"改为"叠加"，最终效果如图5-2所示，然后保存文件。

练习巩固

图层的混合模式是指叠加的图层中位于上层的图层像素与其下层的图层像素进行混合的方式，为两个叠加的图层指定的混合模式不同，最终效果也不同。该说法是否正确？

任务 5.2　制作立体音符

制作立体的高音符号

任务目标

通过图层样式的设置,制作立体音符,效果如图 5-10 所示。

图 5-10　立体音符效果

相关知识

图层样式是 Photoshop CC 2022 中一个非常实用的功能,使用图层样式可以改变图层内容的外观,轻松制作出各种图像特效,从而使作品更具视觉魅力。

单击"图层"调板底部的"添加图层样式"按钮,在弹出的下拉菜单中选择相应命令,即可快速地制作出各种图层样式,如阴影、发光和浮雕等。在 Photoshop CC 2022 中,所有图层样式都被放在"图层"调板中,用户可以像操作图层那样随时打开、关闭、删除或修改这些图层样式。

1. 图层样式类型

为了使用户在处理图像的过程中得到更加理想的效果,Photoshop CC 2022 提供了 10 种图层样式,如投影、发光、斜面和浮雕等,可以根据实际需要,应用其中的一种或多种图层样式,从而制作出特殊的图像效果。

1）投影

为图像制作阴影效果是进行图像处理时经常使用的方法。通过制作阴影效果，可以使图像产生立体或透视效果。

Photoshop CC 2022 提供了两种制作阴影效果的方法，即"内阴影"和"投影"。下面通过一个实例介绍投影的制作方法。其具体操作步骤如下。

（1）按"Ctrl+O"组合键，打开"天地人和"素材图像，如图 5-11 所示。

（2）将文本图层设置为当前图层，然后单击"图层"调板底部的"添加图层样式"按钮，并在弹出的下拉菜单中选择"投影"命令，如图 5-12 所示。

图 5-11 "天地人和"素材图像　　　　图 5-12 选择"投影"命令

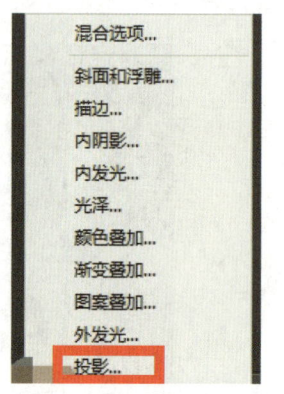

（3）在打开的"图层样式"对话框中，参照图 5-13 所示的混合模式、颜色、不透明度、角度、距离及扩展等参数进行相应的设置。

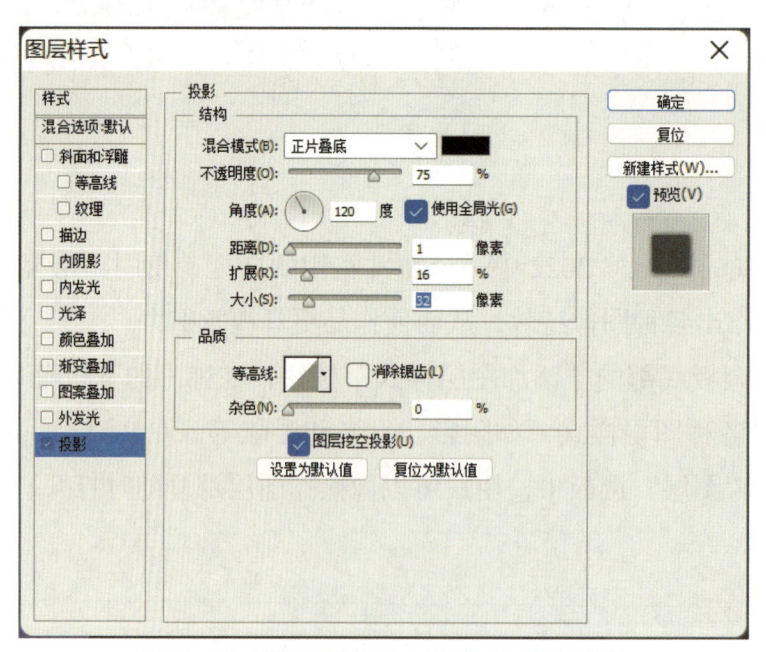

图 5-13 "图层样式"对话框的参数设置

（4）设置好参数后，单击"确定"按钮关闭对话框，其效果如图 5-14（a）所示。从图 5-14（b）所示的"图层"调板中可看出，添加投影效果后的文本图层右侧出现了两个符号：

fx 和 ▬。其中 *fx* 符号表明已对该图层执行了效果处理，以后要修改效果时，只需双击该符号即可；单击 ▬ 符号，则可打开或关闭用于该图层的效果下拉列表框。

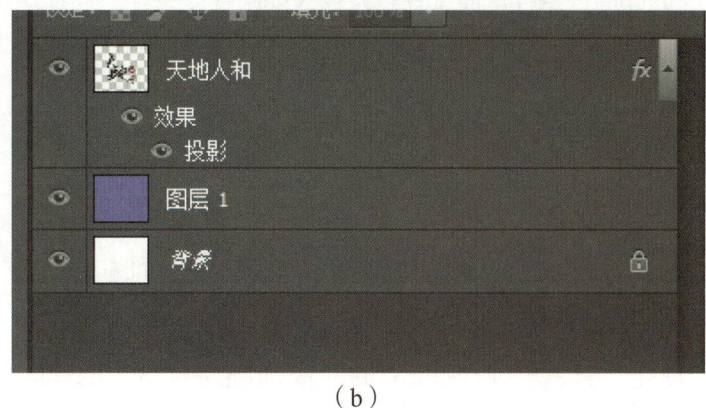

（a）　　　　　　　　　　　　　（b）

图 5-14　投影效果

"图层样式"对话框中各选项的含义如下。

①混合模式：在其下拉列表框中可以选择所加投影与原图层图像合成的模式。若单击其右侧的色块，则可在弹出的"拾色器"对话框中设置阴影的颜色。

②不透明度：用于设置投影的不透明度。

③使用全局光：勾选该复选框，表示为同一图像中的所有图层使用相同的光照角度。

④距离：用于设置投影的偏移程度。

⑤扩展：用于设置投影的扩散程度。

⑥大小：用于设置投影的模糊程度。

⑦等高线：单击其右侧的下拉按钮，在弹出的下拉列表框中可以选择投影的轮廓。

⑧杂色：用于设置是否使用杂点对投影进行填充。

顾名思义，"内阴影"样式主要用于为图层增加内部阴影，如图 5-15 所示。选择"内阴影"样式后，可以在对话框中设置内阴影的不透明度、角度、距离、大小和等高线等。

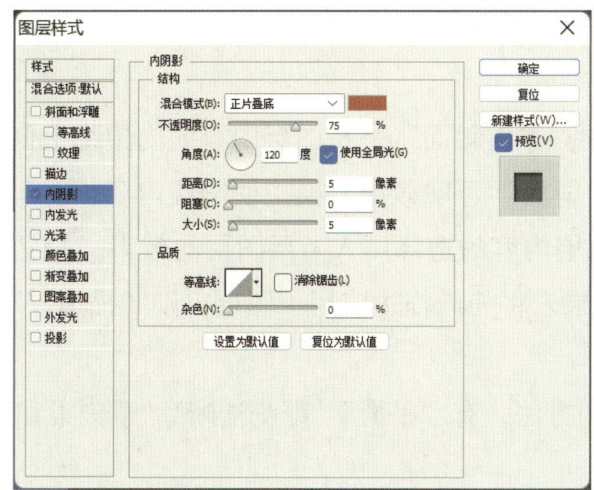

图 5-15　应用"内阴影"样式的效果

> **提示**
>
> 为图层设置样式后,要打开或关闭某种效果,只需在"图层"调板中单击样式名称左侧的 👁 图标即可。

2)斜面和浮雕

"斜面和浮雕"样式可以说是 Photoshop CC 2022 中最复杂的图层样式,其中包括内斜面、外斜面、浮雕效果、枕状浮雕和描边浮雕几种。虽然每一种样式所包含的选项都是一样的,但是制作出的效果却大相径庭。

单击"图层"调板底部的"添加图层样式"按钮,在弹出的下拉菜单中选择"斜面和浮雕"命令,弹出"图层样式"对话框,如图 5-16 所示。

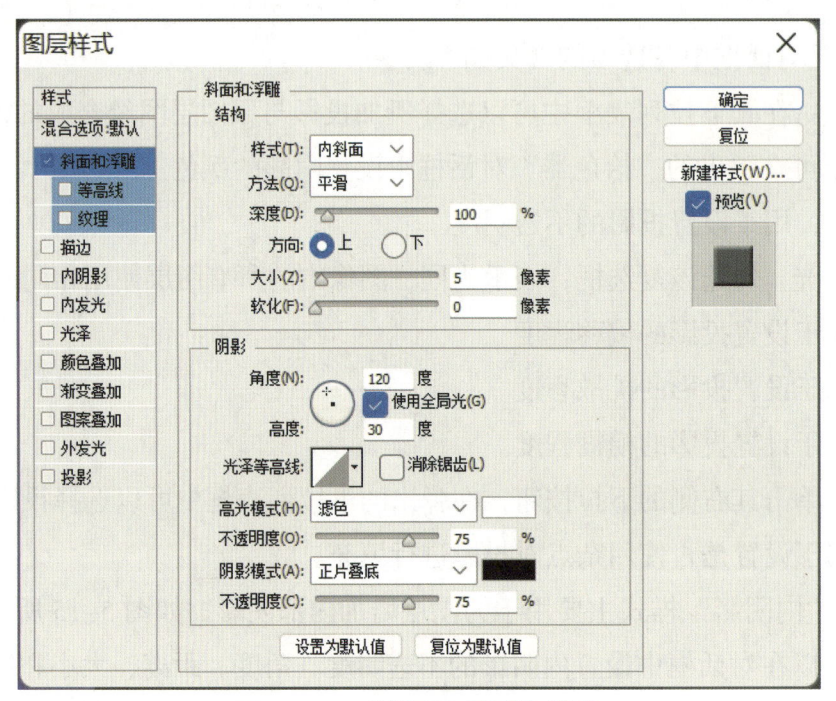

图 5-16 "斜面和浮雕"样式

其中各选项的含义如下。

(1)样式:指定"斜面和浮雕"样式的种类。"内斜面"是在图层内容的内边缘上创建斜面;"外斜面"是在图层内容的外边缘上创建斜面;"浮雕效果"模拟使图层内容相对于下层图层呈浮雕状的效果;"枕状浮雕"模拟将图层内容的边缘压入下层图层的效果;"描边浮雕"将浮雕应用于图层的描边效果的边界,如果未将任何描边应用于图层,则"描边浮雕"效果不可见。

(2)方法:指定"斜面和浮雕"样式应用的方法,有"平滑""雕刻清晰""雕刻柔和"3种方法。

(3)深度:指定斜面深度。

（4）光泽等高线：创建有光泽的金属外观，是在为斜面或浮雕加上阴影效果后应用的。

（5）高光模式：指定"斜面或浮雕"样式高光区域的混合模式。

（6）阴影模式：指定"斜面或浮雕"样式阴影区域的混合模式。

图 5-17 所示为分别对文本图层应用"内斜面""外斜面"和"浮雕"效果。

图 5-17　文字的"内斜面""外斜面"及"浮雕"效果

（a）应用"内斜面"效果；（b）应用"外斜面"效果；（c）应用"浮雕"效果

此外，勾选"斜面和浮雕"选项组下的"等高线"复选框，可设置"等高线"效果；勾选"纹理"复选框，可设置"纹理"效果，如图 5-18 所示。

图 5-18　设置"等高线"和"纹理"效果

（a）设置"等高线"效果；（b）设置"纹理"效果

3）发光与光泽

在图层样式列表中，如果选择"外发光"或"内发光"选项，还可为图像增加"外发光"效果或"内发光"效果。外发光是将从图层对象、文本或形状的边缘向外添加发光效果。内发光是将从图层对象、文本或形状的边缘向内添加发光效果，如图5-19（a）、（b）所示。

若选择"光泽"选项，则可为图像增加类似光泽的效果，如图5-19（c）所示。

（a）　　　　　　　　　　（b）　　　　　　　　　　（c）

图5-19　应用"发光"样式与"光泽"样式的效果
（a）"内发光"效果；（b）"外发光"效果；（c）"光泽"效果

2. "样式"调板

为了方便用户，Photoshop CC 2022还为用户提供了一组内置样式，它们实际上就是"投影""内阴影"等样式的组合。

要使用这些样式，可以选择"窗口"→"样式"命令，打开"样式"调板。在"样式"调板中单击相应的样式，即可直接将其应用到当前图层或选择的图层中。单击"样式"调板右上角的按钮，在弹出的控制菜单中可以载入更多的样式，如图5-20所示。

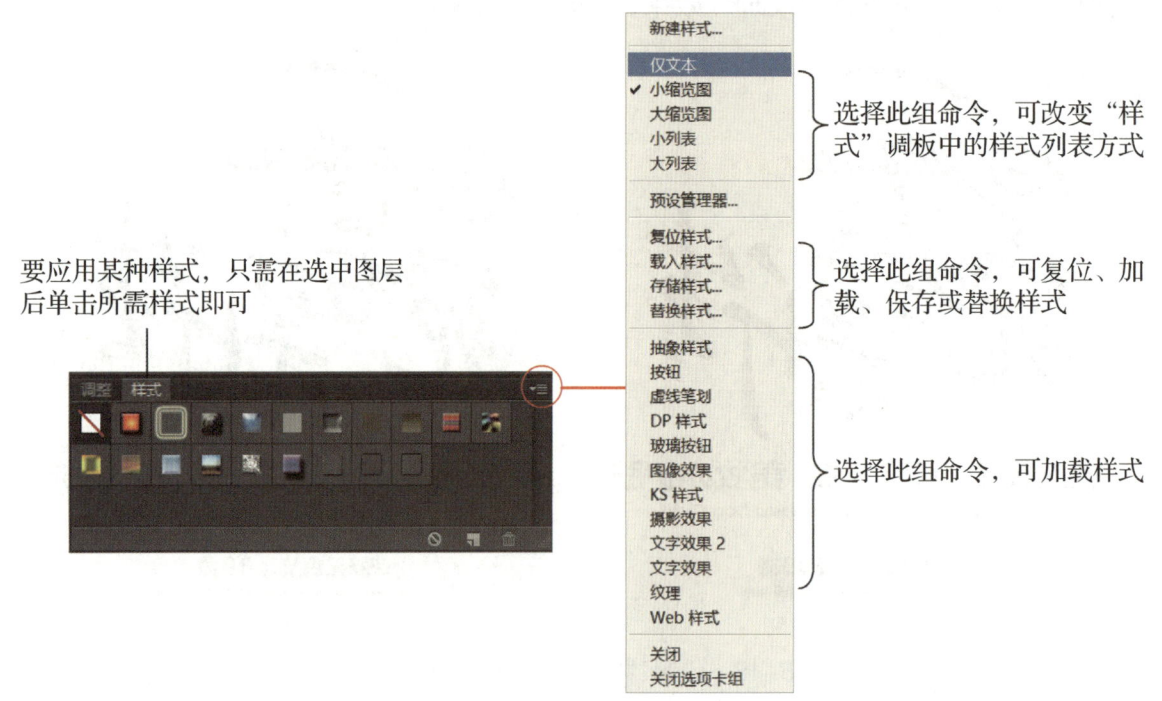

图5-20　"样式"调板及控制菜单

3. 清除与开/关图层样式

制作好样式之后，可以将样式保存在"样式"调板中，其具体操作步骤如下。

（1）为图层设置了某一样式后，单击"样式"调板的空白处，或者单击"样式"调板右上角的按钮，然后在弹出的控制菜单中选择"新建样式"命令，弹出"新建样式"对话框，如图 5-21 所示。

图 5-21 "新建样式"对话框

（2）在"新建样式"对话框中输入样式名称并选择设置项目，单击"确定"按钮，即可将设置的样式保存在"样式"调板中。

此外，用鼠标右键单击图层中的"添加图层样式"按钮，在弹出的下拉菜单中选择相应命令，还可以复制、粘贴、清除图层样式，或创建带样式的新图层等，如图 5-22 所示。

图 5-22 复制、清除图层样式

实现步骤

（1）按"Ctrl+O"组合键，打开图 5-23 所示素材图像。

图 5-23　素材图像

（2）单击"图层"调板中的"创建新图层"按钮，新建"图层 1"。选择自定形状工具，在其属性栏中进行设置，如图 5-24 所示。

图 5-24　形状属性

（3）在图像中绘制音符，效果如图 5-25 所示。

图 5-25　绘制音符

（4）选择"图层"→"图层样式"→"斜面和浮雕"命令，在弹出的"图层样式"对话框中设置参数，如图 5-26 所示；然后勾选"等高线"复选框，设置"等高线"参数，如图 5-27 所示；单击"确定"按钮，效果如图 5-28 所示。

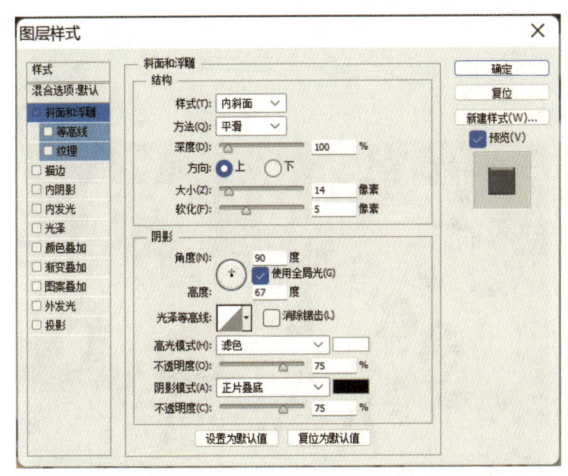

图 5-26 "斜面和浮雕"参数设置　　　　图 5-27 "等高线"参数设置

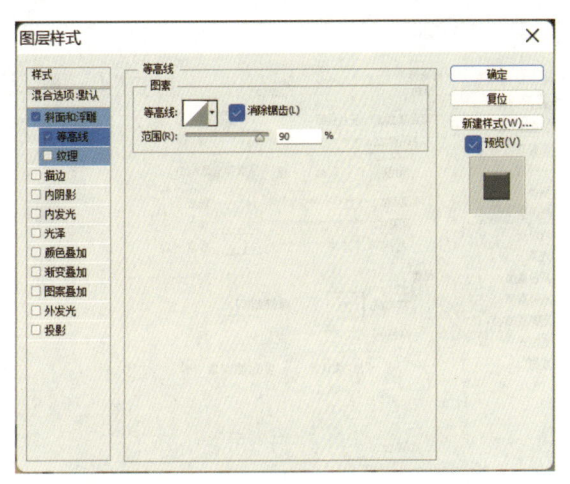

图 5-28 效果

（5）选择"图层"→"图层样式"→"内发光"命令，设置"杂色"颜色值为 #2f51a8，其他参数设置如图 5-29 所示。

（6）选择"图层"→"图层样式"→"外发光"命令，设置"杂色"颜色值为 #42c9f9，其他参数设置如图 5-30 所示。

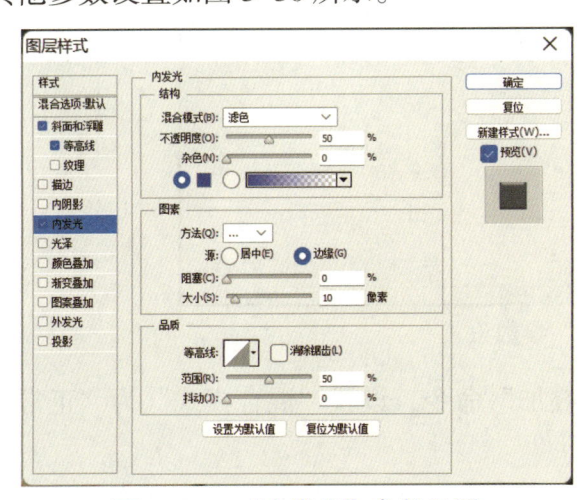

图 5-29 "内发光"参数设置　　　　图 5-30 "外发光"参数设置

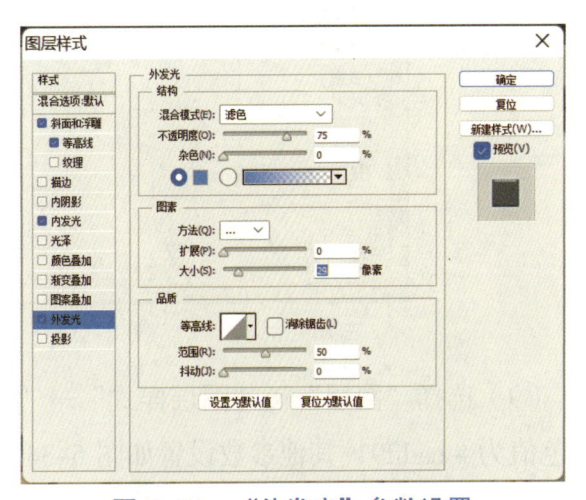

（7）选择"图层"→"图层样式"→"内阴影"命令，设置"混合模式"为"正片叠底"，颜色值为#a3bef7，其他参数设置如图5-31所示，单击"确定"按钮，效果如图5-32所示。

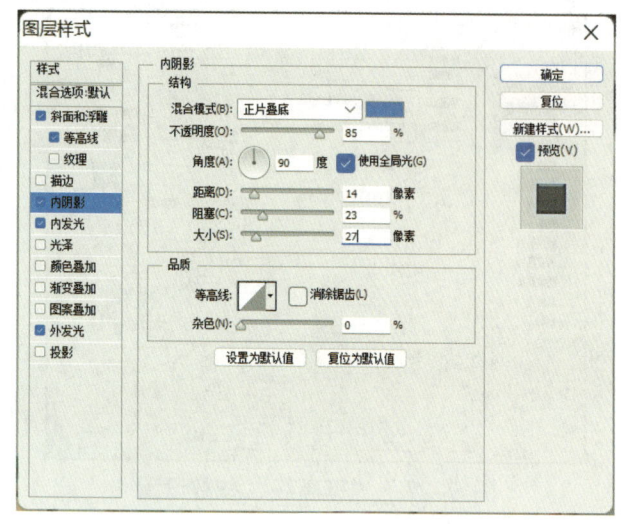

图5-31 "内阴影"参数设置　　　　　　图5-32 效果

（8）选择"图层"→"图层样式"→"光泽"命令，设置"混合模式"为"正片叠底"，颜色值为#5eabfd，其他参数设置如图5-33所示。

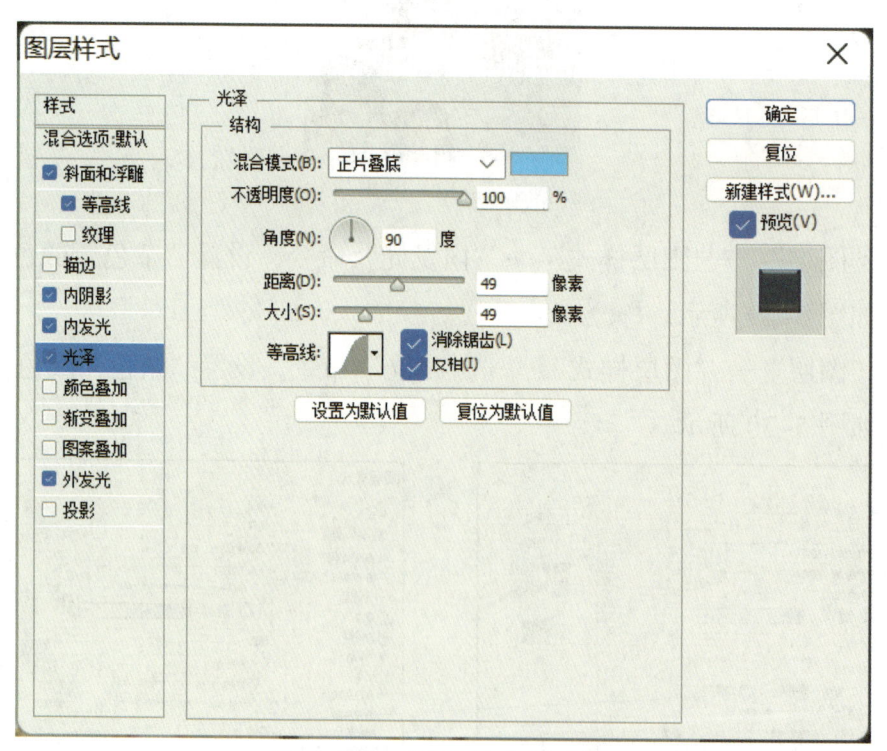

图5-33 "光泽"参数设置

（9）选择"图层"→"图层样式"→"颜色叠加"命令，设置"混合模式"为"正常"，颜色值为#badff9，其他参数设置如图5-34所示。

（10）选择"图层"→"图层样式"→"投影"命令，设置"混合模式"为"正片叠

项目5　图层与图层样式

底"，颜色值为#4d6c9a，其他参数设置如图5-35所示，单击"确定"按钮，效果如图5-36所示。

（11）按上述方法制作其他音符效果，如图5-37所示。

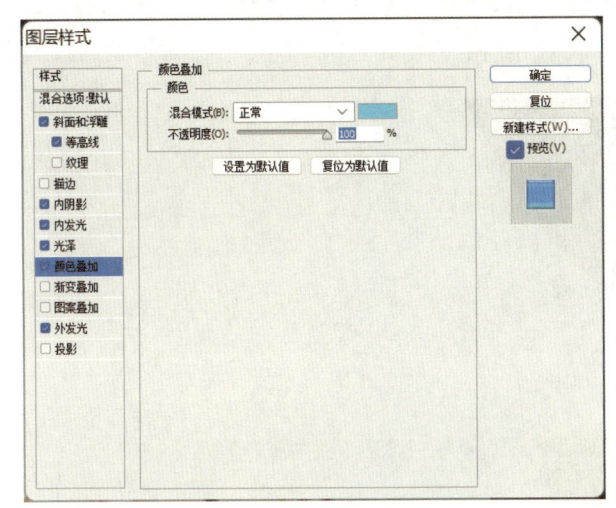

图5-34　"颜色叠加"参数设置 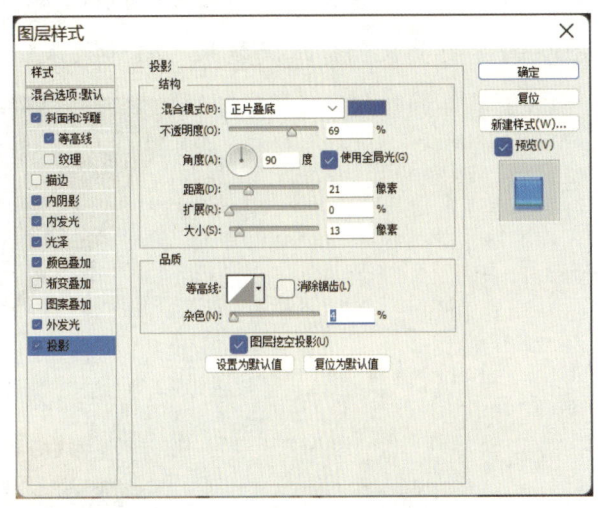　　　　　　图5-35　"投影"参数设置

图5-36　效果 　　　　　　图5-37　效果

提示

如要改变音符颜色，只需重新选择"图层"→"图层样式"→"颜色叠加"命令，设置不同颜色即可。

（12）单击"图层"调板中的"创建新图层"按钮，新建图层。选择工具箱中的直线工具，绘制5条等距离的直线，然后选择"滤镜"→"扭曲"→"旋转扭曲"命令，在弹出的"旋转扭曲"对话框中设置"角度"为"125"，单击"确定"按钮，最终效果如图5-10所示。

97

练习巩固

通过"图层样式"对话框为图层添加"投影""浮雕""内阴影"等效果,然后调整图层的透明度来创建水滴效果。最终效果如图5-38所示。

图5-38 水滴效果

任务 5.3 制作火焰字

制作火焰字

任务目标

本任务要求应用创建文字图层、剪贴蒙版、图层样式、图层模式等命令，制作一个火焰文字的图像效果。通过本任务的学习，读者应该能够了解图层的基本原理和特点，学习图像制作和处理中图层样式、图层混合模式的使用方法和技巧。火焰字效果如图 5-39 所示。

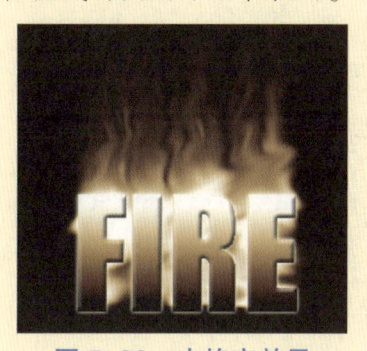

图 5-39 火焰字效果

相关知识

1. 打开"图层"调板

选择"窗口"→"图层"命令，打开"图层"调板（快捷键 F7），如图 5-40 所示。

图层模式
图层菜单
图层不透明度
填充不透明度
显示和隐藏图层图标
"锁定图层"按钮
"链接图层"按钮
"删除图层"按钮
"创建图层样式"按钮
"创建新图层"按钮
"创建图层蒙版"按钮
"创建新组"按钮
"创建新的填充或调整图层"按钮

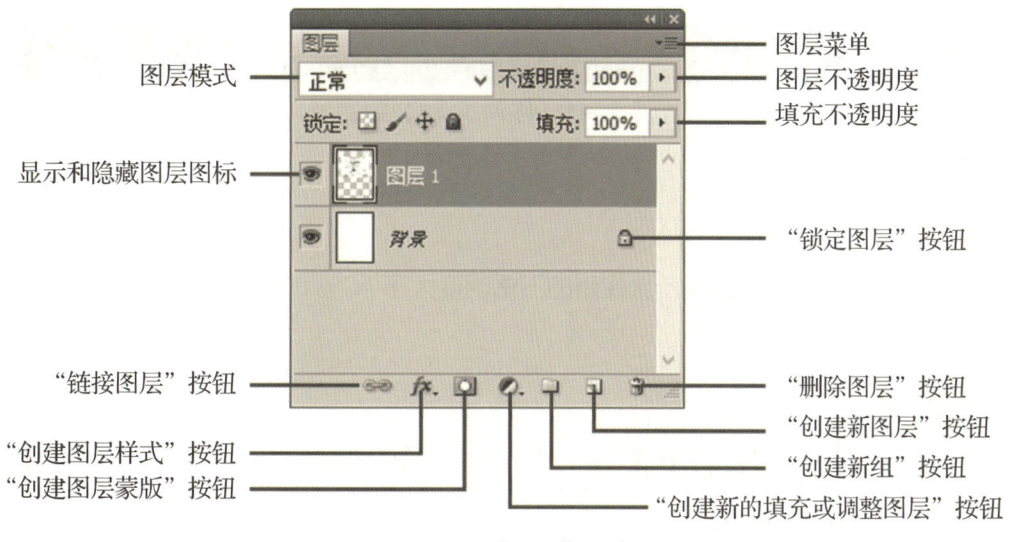

图 5-40 "图层"调板

（1）图层模式：在下拉列表框中可以选择相应选项，设置当前图层的一种混合模式。

（2）不透明度：可以设置当前图层的不透明度。可以用鼠标直接拖动滑块，选择合适的不透明度，或者直接输入数字，范围是 0~100%。不透明度的数值越小，图像越透明，该图层下面的图层越清晰，反之越模糊。

（3）"锁定图层"按钮：可以锁定图层的透明像素、图像像素、移动位置和所有属性。

①锁定透明像素标志▨：在选定的图层的透明区域内无法使用绘图工具绘画，即使经过透明区域也不会留下笔迹。

②锁定图像像素标志✎：这项锁定的作用是无法使用画笔或者其他绘图工具。

③锁定位置标志✥：这项锁定的作用是使被锁定图层无法移动。

④锁定全部标志🔒：这项锁定的作用是将图层完全锁定，针对图层的任何操作都无法进行。

（4）填充：设置在图层中绘图笔画的不透明度。

（5）显示和隐藏图层：显示与隐藏图层中的图像。

2. 创建图层组及图层

在处理图像的过程中，可能需要创建许多图层，为了便于管理这些图层，Photoshop CC 2022 引进了类似 Windows 下文件夹的图层组，它可以组织和管理图层，使用图层组可以将多个图层作为一个图层组移动。创建图层组及图层方法如下。

（1）单击"图层"调板中的"创建新组"按钮，便可完成图层组的创建。

（2）选择"图层"→"新建"→"图层"命令，可以创建新的图层。

3. 对齐和分布图层

使用移动工具选项栏可以将链接后的图层和图层组中的内容对齐，如图 5-41 所示。还可以使用"图层"菜单中的"对齐"命令对齐和分布图层内容。

图 5-41　移动工具选项栏

> **提示**
>
> "对齐"和"分布"命令只影响所含像素的不透明度大于 50% 的图层。

4. 链接图层

链接图层是将各个图层进行关联，可以将链接的图层同时移动、应用变换以及创建剪贴蒙版等。链接图层的方法如下。

在"图层"调板中选择要链接的图层或图层组，单击"链接图层"按钮，可以将该图层从与其他图层的链接中脱离。选择链接的所有图层，然后单击"链接图层"按钮，可以将所有图层的链接取消。

5. 创建新样式

虽然 Photoshop CC 2022 提供了许多预定义图层样式，但在实际的作图过程中，需要根据实际的需求来创建图层样式。图层样式的创建方法如下。

（1）单击"图层"调板中的"创建图层样式"按钮，打开"图层样式"对话框，在对话框的左侧选择图层样式，单击"确定"按钮。

（2）单击"样式"面板（图5-42）下方的"创建新样式"按钮，在打开的"新建样式"对话框中进行设置。单击"确定"按钮，完成图层样式的创建。

图 5-42　"样式"面板

6. 图层蒙版

在"图层"调板下方单击"创建图层蒙版"按钮，即可创建图层蒙版。单击"图层蒙版缩览图"按钮可将它激活，然后选择任一编辑或绘画工具可以在蒙版上进行编辑。

将蒙版涂成白色可以从蒙版中减去并显示图层，将蒙版涂成灰色可以看到部分图层，将蒙版涂成黑色可以向蒙版中添加并隐藏图层。

7. 创建调整图层

单击"图层"调板中的"创建新的填充或调整图层"按钮，即可在原图层上方生成一个调整图层，该调整图层只对其下方的图层起到调整作用。在调整图像色彩和色调时，采用创建调整图层的方法，可以不影响原图层的效果。

8. 复制图层

通过复制图层，可以得到两个内容相同的图层。选择要复制的图层，拖动该图层至"创建新图层"按钮处即可复制图层。

9. 删除图层

将需要删除的某个图层或者效果拖动到"删除图层"按钮处，即可删除选定的图层或者效果。

10. 合并图层

合并图层是指将 2 个或 2 个以上的图层合并为 1 个图层。合并图层后，所有透明区域的交叠部分会保持透明状态。

（1）向下合并：可将当前图层与下面的图层合并在一起。

（2）合并可见图层：合并所有当前可视图层。

（3）合并所有图层：将所有可视图层合并到"背景"图层中，删除隐藏的图层，并使用白色填充其余任何透明区域。

实现步骤

1. 制作文字图层

（1）新建一个宽度 × 高度为 5cm×5cm、分辨率为 300 像素 / 英寸、背景色为白色、名称为"火焰字"的图像。

（2）在工具箱中选择文字工具 **T**，在图像中部单击输入"FIRE"。

（3）修改字符属性。选择"字符"面板，在其中设置文字大小为 144 点，字体为 Impact，颜色为白色，如图 5-43 所示。

（4）拖动"FIRE"文字图层至"创建新图层"按钮处，复制图层，生成文字图层副本，如图 5-44 所示。

图 5-43　修改字符属性

图 5-44　复制文字图层

（5）单击"FIRE"文字图层的"显示和隐藏图层"按钮，隐藏该图层，为后续的制作备份该文本图层。

（6）选择"FIRE"文字图层副本，选择"编辑"→"自由变换"命令（快捷键"Ctrl+T"），在选项栏中输入旋转角度为 90°，将图像顺时针旋转 90°。

（7）选择"滤镜"→"风格化"→"风"命令。这时会出现"是否栅格化文字"对话框，单击"确定"按钮后，会出现"风"对话框，"方法"选择"风"，"方向"选择"从左"，如图 5-45 所示。

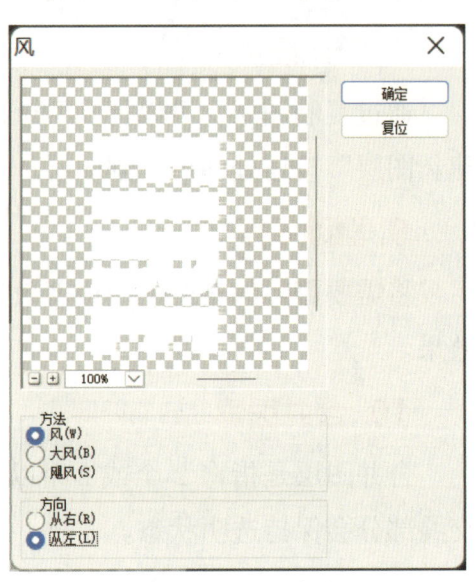

图 5-45　风滤镜

> **提示**
>
> 基于矢量图形的文字图层，无法执行滤镜里的各种命令操作。因此，当对文字图层执行"滤镜"命令时，系统会自动提示"是否栅格化文字"对话框。栅格化后的文字不能再作为文字进行编辑。

（8）按"Ctrl+F"组合键重复执行"风"命令，得到图5-46所示的效果。

（9）选择"编辑"→"自由变换"命令，在选项栏中输入旋转角度为-90°，将图像逆时针旋转-90°。

（10）选择工具箱中的涂抹工具，设置笔头的样式为柔边圆，大小为46px。拖动鼠标，对图层进行修改，使其形成火焰燃烧的效果，如图5-47所示。

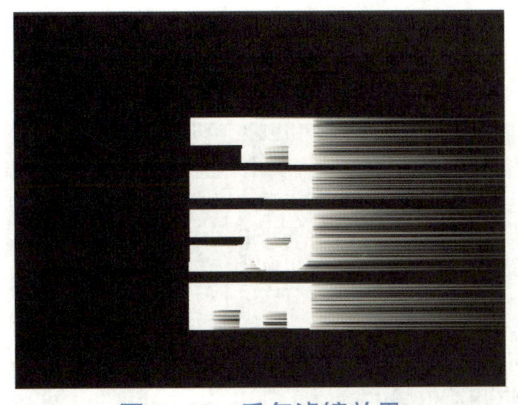

图5-46 重复滤镜效果

图5-47 涂抹效果

2. 制作火焰字颜色效果

（1）按住Ctrl键，选择"fire副本"图层和"背景"图层，单击鼠标右键，在打开的快捷菜单中选择"合并图层"选项，将两个图层合并。

（2）选择"图层"→"新建调整图层"→"色彩平衡"命令，打开"新建图层"对话框，勾选"使用前一图层创建剪贴蒙版"复选框，如图5-48所示。单击"确定"按钮，打开"色彩平衡"对话框，在其中选择色调为中间调，设置红色为+100，黄色为-100，其他值保持不变，如图5-49所示。

图5-48 "新建图层"对话框

图5-49 编辑色彩平衡

> **提示**
>
> 在使用"调整图层"进行色彩或色调调整时，建立"剪贴蒙版"可以只对图层的效果进行编辑，而不会影响原图层。如果对调整效果不满意，可随时选择"调整"命令，对色彩或色调进行编辑，或删除蒙版图层，而不影响原图层。

（3）在调整图层上单击鼠标右键，在打开的快捷菜单中选择"向下合并"命令，将蒙版图层与"背景"图层合并为一个图层。

（4）由于该图层的红、黄两种颜色效果的对比不是很强烈，火焰的效果不好，所以需要继续调整该图层的颜色效果。拖动新生成的"背景"图层至"创建新图层"按钮处，复制该图层。

（5）将"背景副本"图层样式设置为"强光"，完成火焰的制作，如图 5-50 所示。

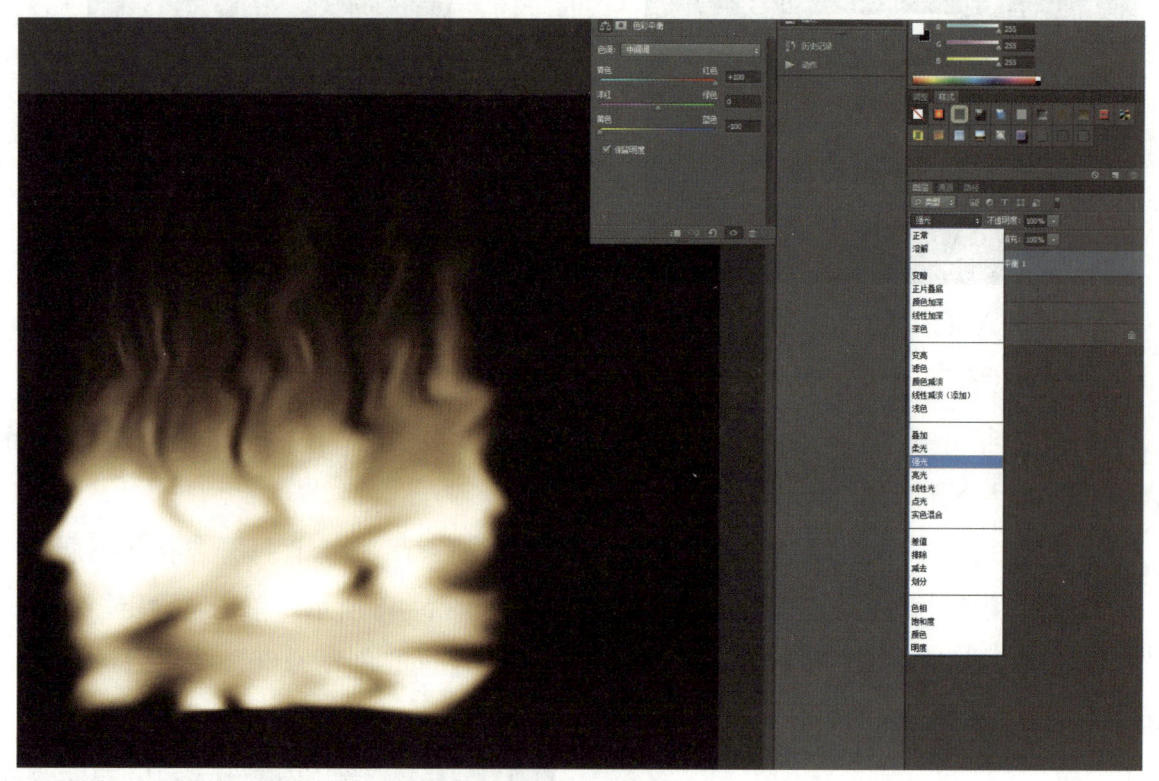

图 5-50　编辑图层样式

（6）单击"FIRE"文字图层的"显示和隐藏图层"按钮，显示该图层。在"图层"调板上单击鼠标右键，在打开的快捷菜单中选择"栅格化图层"命令。

（7）按住 Ctrl 键单击该图层的"图层缩览图"区域，调出选中图层的选区，如图 5-51 所示。

图 5-51 调出图层选区

（8）选择工具箱中的渐变工具，在选项栏中选择"渐变编辑器"选项，并在其中进行色彩填充设置，使编辑栏的色彩实现由白到黑的颜色渐变，如图 5-52 所示。

图 5-52 选区颜色填充

(9)新建图层,并命名为"渐变文字",自上至下拖动鼠标,对新建图层进行颜色填充,效果如图5-53所示,按"Ctrl+D"组合键取消选区。

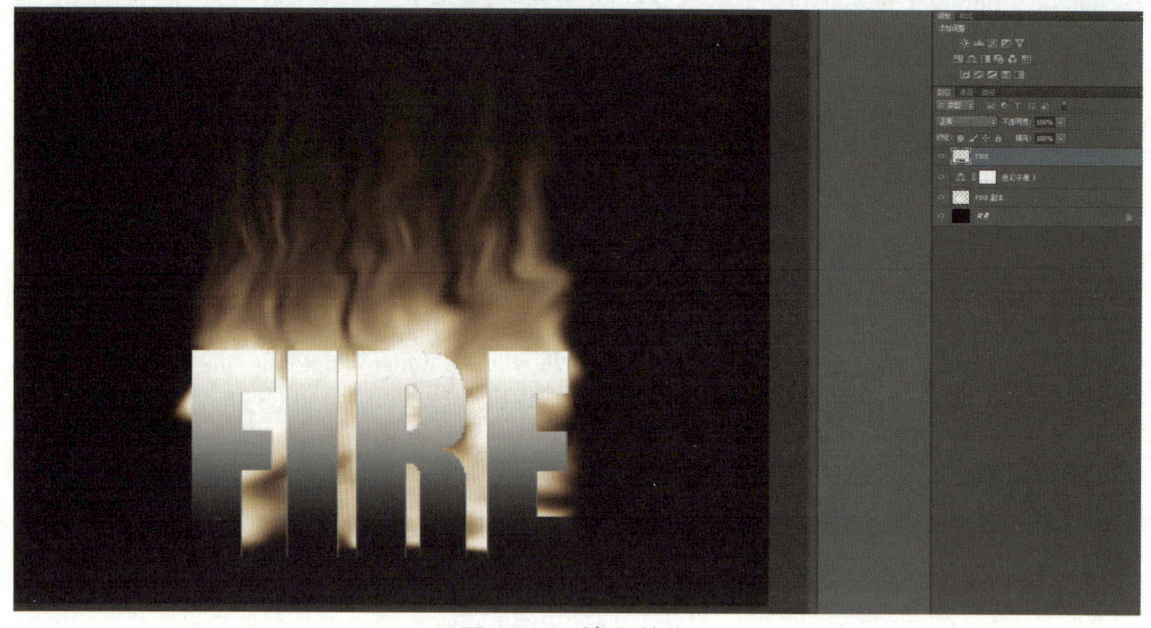

图5-53 填充效果

(10)确认选中"渐变文字"图层,选择"图像"→"调整"→"色彩平衡"命令,将"色彩平衡"对话框内的"色阶"值设为+100,0,-100,如图5-54所示。单击"确定"按钮,文字效果如图5-55所示。

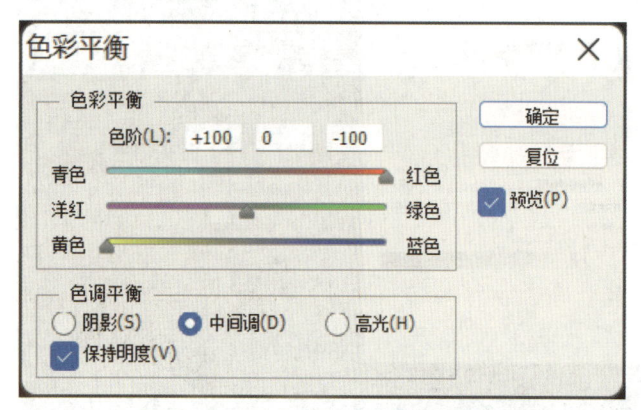

图5-54 "色彩平衡"对话框

图5-55 调整后效果

(11)单击"图层"调板中的"创建图层样式"按钮,打开"图层样式"对话框,选择"外发光""斜面和浮雕"图层样式,然后分别对"外发光""斜面和浮雕"图层样式进行参数设置,如图5-56、图5-57所示。

(12)整体观察图像并进行细微的调整,完成火焰字的制作。

项目5 图层与图层样式

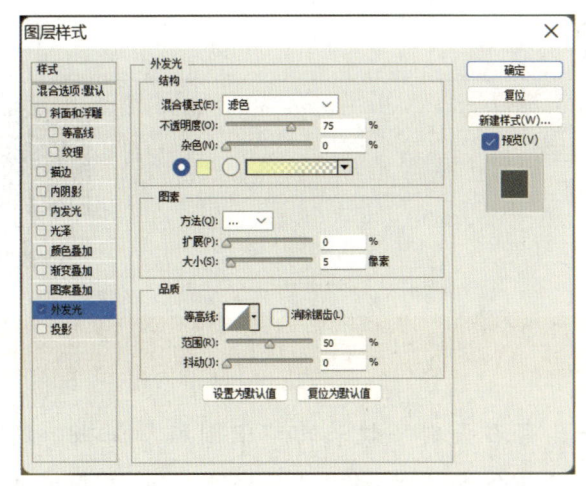

图 5-56 "外发光"图层样式参数设置

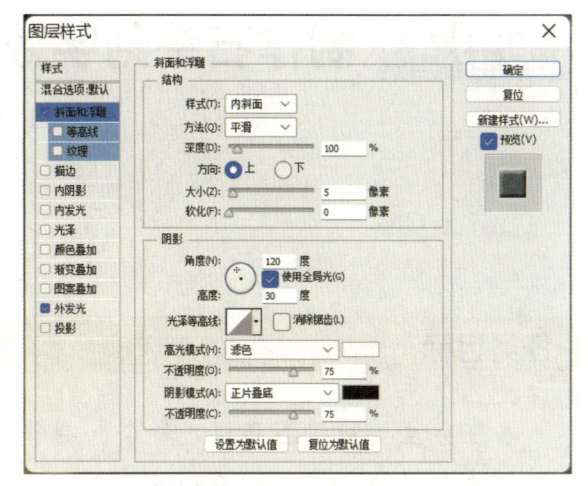

图 5-57 "斜面和浮雕"图层样式参数设置

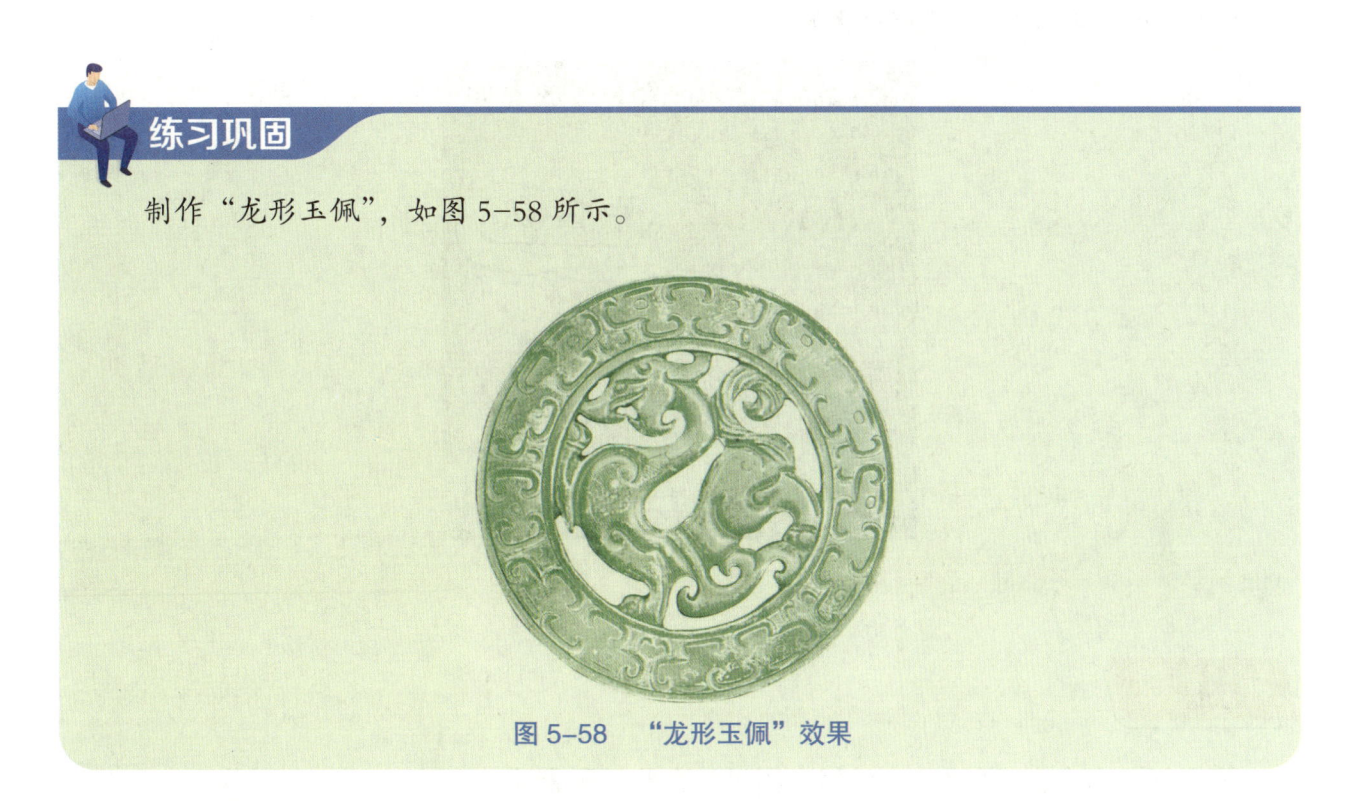

练习巩固

制作"龙形玉佩",如图5-58所示。

图 5-58 "龙形玉佩"效果

提示

应用"添加图层样式"命令,可将平面图像转化为立体图像。

任务 5.4　制作石头刻字效果

制作石头
刻字效果

任务目标

本任务主要应用图层样式命令，制作一个具有石头刻字效果的"中国风"海报。通过本任务的学习，读者可更加深入地了解图层样式命令，与之前所学的多边形套索工具相结合，设计出图 5-59 所示的效果。

图 5-59　石头刻字效果

相关知识

图层样式命令在任务 5.2 中已经介绍过，在此不再赘述。

实现步骤

1. 新建图像

新建一个宽度 × 高度为 297mm×210mm、分辨率为 300 像素/英寸、背景色为白色、名称为"中国风"的图像。

2. 导入海报素材

打开水墨素材（图 5-60）和石头素材（图 5-61），使用移动工具将素材拖动到海报图像中，并调整两个文件的相对位置。

图 5-60　水墨素材

图 5-61　石头素材

3. 输入文字

（1）输入文字。选择文字工具，在素材上横向输入文字"中国风"。

（2）修改字符属性。选择"字符"面板，在其中设置文字大小为 42 点，字体为 Adobe 楷体，颜色为白色，如图 5-62 所示。

图 5-62　修改字符属性

4. 制作文字雕刻效果

（1）按住 Ctrl 键单击文字图层的"图层缩览图"区域，调出文字图层的选区，如图 5-63 所示。

（2）拖动"石头"图层至"创建新图层"按钮处，复制该图层两次，生成"石头 副本"图层及"石头 副本 2"图层，如图 5-64 所示。

图 5-63　调出文字图层选区　　　　　图 5-64　复制"石头"图层

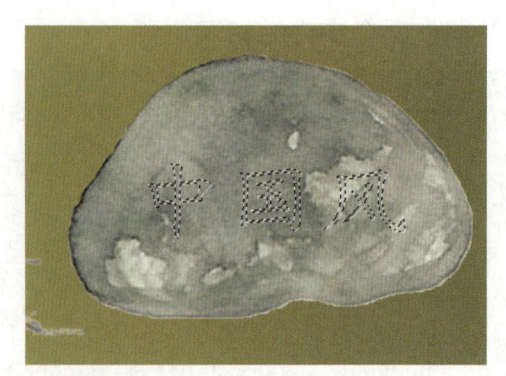

（3）按 Delete 键，删除"石头 副本 2"图层上文字选区内的内容。按"Ctrl+D"组合键，取消选区，单击文字图层前面的"指示图层可见性图标"图标，隐藏文字图层，如图 5-65 所示。

图 5-65　隐藏文字图层

（4）选择"石头 副本 2"图层，单击"图层"调板中的"创建图层样式"按钮，打开"图层样式"对话框，选择"投影"选项，设置"混合模式"为"正片叠底"，不透明度为 90%，角度（A）为 134 度，距离为 11 像素，扩展为 0%，大小为 5 像素，如图 5-66 所示。

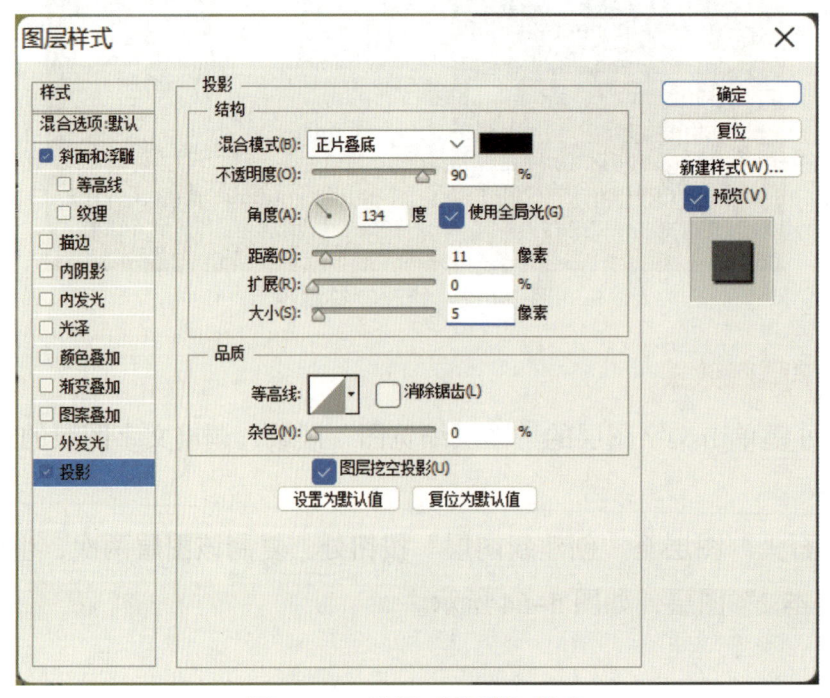

图 5-66　设置"投影"样式

（5）选择"斜面和浮雕"选项，设置"样式"为"外斜面"，"方法"为"雕刻清晰"，深度为254度，大小为2像素，软化为0像素，如图5-67所示。

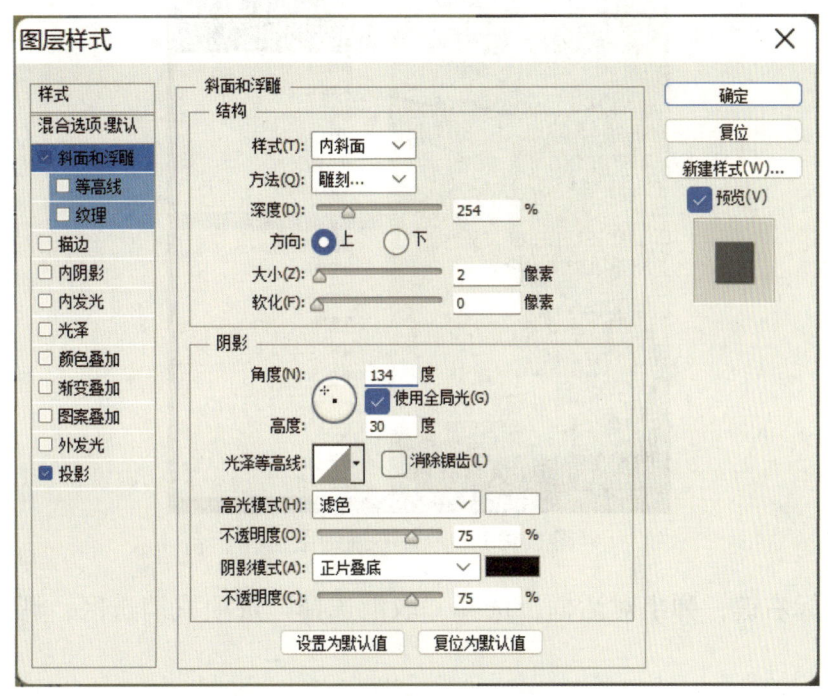

图 5-67　设置"斜面和浮雕"样式

（6）按 Enter 键，效果如图 5-68 所示。

图 5-68　设置图层样式后的效果

（7）选择多边形套索工具，将"中国风"文字勾勒出来，单击鼠标右键，在弹出的快捷菜单中选择"通过拷贝的图层"命令，如图 5-69 所示。

111

图 5-69　拷贝不规则图形

（8）单击鼠标右键，弹出对话框，选择"取消选择"选项取消选区，调整最终图形的相对位置。

练习巩固

通过图层模式与图层样式的设置，制作图 5-70 所示的"匠心"海报。

图 5-70　"匠心"海报

项目 6 图像色彩的修饰

知识目标

（1）掌握主要色彩模式类型。

（2）了解色彩的各个调整工具。

能力目标

能正确应用色彩的各个调整工具对画面色彩进行调整与修饰。

素养目标

（1）培养学生科学的审美素养。

（2）培养学生精益求精的工匠精神。

（3）引导学生学会感恩。

任务 6.1　调整泛黄照片（色阶色彩）

任务目标

调整图 6-1 所示的素材（发黄的照片），使其显示正常的照片色彩，效果如图 6-2 所示。

图 6-1　素材 　　　　　图 6-2　效果

相关知识

在 Photoshop 中，对图像色彩和色调的控制是图像编辑的关键，它直接关系到图像最后的效果，只有有效地控制图像的色彩和色调，才能制作出高品质的图像。Photoshop CC 2022 提供了完善的色彩和色调的调整功能，这些功能主要存放在"图像"菜单的"调整"子菜单中，使用它们可以快捷方便地控制图像的色彩和色调，有助于制作出绚丽多彩的图像。

1. 图像的色彩评价

色彩评价是指判断图像的色彩是否平衡、是否偏色。要查看一幅图像是否偏色，可查看图像中的中性灰是否有色偏，或者根据生活经验查看图像中的某些内容是否偏色，比如图像中的天空、草地、水果等。

调节图像色彩就是要把图像中的偏色纠正过来，使色彩符合原稿或审美要求。

图像清晰度强调把细节表现出来，使图像看起来清晰。由于每个人的审美习惯不完全相同，所以在对图像的阶调、色彩、清晰度3个方面进行处理时把握的尺度就不一样，但忠实于原稿是应该遵守的一个原则，忠实于视觉习惯也是一个原则。另外，无论在网页设计中，还是对一幅画的构图设计中，都要对色彩进行合理搭配。每一种色彩都能通过3个关键的要素来确定，即亮度、色相、饱和度。调节图像色彩的基本思想正是通过组合调整图像的这3个要素，来达到控制色彩的目的。同时，这也是一种非常简单而有效的方法，该方法在专业设计工作中用得很多。

2. 色彩模式

在任务1.2中简单介绍过色彩模式，下面详细介绍色彩模式的相关内容。

在 Photoshop 中，色彩模式的概念是很重要的，因为色彩模式决定了显示和打印图像的色彩模型（简单地说，色彩模型是用于表现色彩的一种数学算法），即图像以什么样的方式在计算机中显示或打印输出。

常见的色彩模式包括：HSB（表示色相、饱和度、亮度）模式、RGB（表示红、绿、蓝）模式、CMYK（表示青、洋红、黄、黑）模式、Lab模式、位图模式、灰度模式、双色调模式、索引颜色模式、多通道模式及8位/16位/32位模式，每种色彩模式的图像描述、重现色彩的原理及所能显示的颜色数量是不同的。色彩模式除了确定图像中能显示的颜色数量外，还影响图像的通道数和文件大小。

1）HSB 模式

HSB 模式是基于人眼对色彩的观察来定义的，在此模式中，所有颜色都用色相或色调、饱和度、亮度3个特性来描述。

（1）色相（H）。色相是与颜色主波长有关的颜色物理和心理特性。非彩色（黑色、白色、灰色）不存在色相属性；所有色彩（红色、橙色、黄色、绿色、青色、蓝色、紫色等）都是表示颜色外貌的属性，它们就是所有的色相。有时色相也称为色调。

（2）饱和度（S）。饱和度指颜色的强度或纯度，表示色相中灰色成分所占的比例，用0%~100%（纯色）来度量。

（3）亮度（B）。亮度是颜色的相对明暗程度，通常用0%（黑）~100%（白）来度量。

2）RGB 模式

RGB 模式是基于自然界中3种基色光的混合原理，将红（R）、绿（G）和蓝（B）3种基色按照从0（黑）到255（白色）的亮度值在每个色阶中分配，从而指定其色彩。当不同亮度的基色被混合后，便会产生256×256×256种颜色（约为1 670万种）。例如，一种明亮的红色可能R值为246，G值为20，B值为50。当3种基色的亮度值相等时，产生灰色；当3种亮度值都是255时，产生纯白色；当所有亮度值都是0时，产生纯黑色。因为3种色光混合生成的颜色一般比原来的颜色亮度高，所以用RGB模式产生颜色的方法又被称为色光加色法。

3）CMYK 模式

CMYK 模式是一种印刷模式。其中，4个字母分别指青（cyan）、洋红（magenta）、黄

（yellow）、黑（black），在印刷中代表 4 种颜色的油墨。CMYK 模式在本质上与 RGB 模式没有区别，只是产生色彩的原理不同，在 RGB 模式中由光源发出的色光混合生成颜色，而在 CMYK 模式中由光线照到有不同 C、M、Y、K 比例油墨的纸上，部分光谱被吸收后，反射到人眼中的光产生颜色。由于 C、M、Y、K 在混合成色时，随着 C、M、Y、K 4 种成分的增多，反射到人眼中的光会越来越少，光线的亮度会越来越低，所以用 CMYK 模式产生颜色的方法又被称为色光减色法。

4）Lab 模式

Lab 模式是以一个亮度分量 L 及两个颜色分量 a 和 b 来表示颜色的。其中，L 的取值范围为 0~100，a 分量代表由绿色到红色的光谱变化，而 b 分量代表由蓝色到黄色的光谱变化，a 和 b 的取值范围均为 -120~120。

Lab 模式包含的颜色范围最广，它包含 RGB 模式和 CMYK 模式中的所有颜色。CMYK 模式所包含的颜色最少，有些在屏幕上显示的颜色在印刷品上却无法实现。

5）位图（Bitmap）模式

位图模式用两种颜色（黑和白）来表示图像中的像素。位图模式的图像也叫作黑白图像。因为其深度为 1，所以也称为一位图像。由于位图模式只用黑、白色来表示图像的像素，在将图像转换为位图模式时会丢失大量细节，所以 Photoshop 提供了几种算法来模拟图像中丢失的细节。在宽度、高度和分辨率相同的情况下，位图模式的图像尺寸最小，约为灰度模式的 1/7 和 RGB 模式的 1/22 以下。

6）灰度（Grayscale）模式

灰度模式可以使用多达 256 级灰度来表现图像，使图像的过渡更加平滑细腻。灰度图像的每个像素有一个 0（黑色）~255（白色）范围内的亮度值。灰度值也可以用黑色油墨覆盖的百分比来表示（0% 等于白色，100% 等于黑色）。

7）双色调（Duotone）模式

双色调模式采用 2~4 种彩色油墨来创建，由双色调（2 种颜色）、三色调（3 种颜色）和四色调（4 种颜色）混合其色阶来组成图像。在将灰度模式转换为双色调模式的过程中，可以对色调进行编辑，产生特殊的效果。使用双色调模式主要的目的是使用尽量少的颜色表现尽量多的颜色层次，这对降低印刷成本是很重要的，因为在印刷时，每增加一种色调都需要更高的成本。

8）索引颜色（Indexed Color）模式

索引颜色模式是网上和动画中常用的色彩模式，当彩色图像转换为索引颜色模式图像后包含近 256 种颜色。索引颜色模式图像包含一个颜色表。如果原图像中的颜色不能用 256 种颜色表现，则 Photoshop 会从可使用的颜色中选出最相近的颜色来模拟这些颜色，这样可以减小图像文件的尺寸。颜色表用来存放图像中的颜色并为这些颜色建立颜色索引，可在转换的过程中定义或在生成索引颜色模式图像后修改。

9）多通道模式

多通道模式图像包含多个具有 256 级强度值的灰阶通道，每个通道有 8 位深度。多通道模式主要应用于打印、印刷等特殊的输出软件和一些专业的、高级的通道操作。

如果在 RGB、CMYK、Lab 模式中删除某个通道，图像将转换为多通道模式。当图像转换为多通道模式时，系统将根据原图像的通道数目自动转换为数目相同的专色通道，并将原图像各通道的颜色信息自动转换为专色通道的颜色信息。例如，将双色调模式转换为多通道模式时，可以看到相应数目色调的通道信息；将 RGB 模式转换为多通道模式时，创建青色、洋红、黄色 3 个专色通道；将 CMYK 模式转换为多通道模式时，创建青色、洋红、黄色、黑色 4 个专色通道。

10）8 位 /16/32 位通道模式

这里的 8 位、16 位、32 位是指一张图片里最多包含的颜色数量。位数越大，颜色信息量就越大。例如，8 位通道指的是 256×256（65 536）种颜色。在一般情况下，8 位通道已经足够平时使用，而 16 位通道一般用于数字高清电影制作或者角色动画游戏制作，32 位通道一般用于更高级的专业设计，这时肉眼已经不能分辨其细腻程度。因此，在一般情况下 8 位通道模式是人们平时使用的主要设计制图模式。

3. 常用色彩调整命令

1)"亮度/对比度"命令

选择"图像"→"调整"→"亮度/对比度"命令，弹出"亮度/对比度"对话框，如图 6-3 所示。

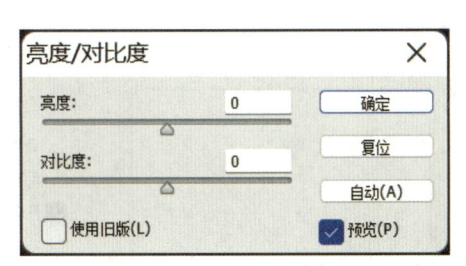

图 6-3　"亮度/对比度"对话框

2)"色阶"命令

色阶表示图像亮度强弱的指数标准，即色彩指数，在数字图像处理中，指的是灰度分辨率（又称为灰度级分辨率或者幅度分辨率）。图像的色彩丰满度和精细度是由色阶决定的。色阶指亮度，和颜色无关，但最亮的只有白色，最不亮的只有黑色。

若要调整特定颜色通道的色调，可从"通道"菜单中选取选项。若要同时编辑一组颜色通道，可在选择"色阶"命令之前，在按住 Shift 键的同时在"通道"调板中选择这些通道。之后，"通道"菜单会显示目标通道的缩写，例如 CM 表示青色和洋红色。

选择"图像"→"调整"→"色阶"命令或按"Ctrl+L"组合键可弹出"色阶"对话框,如图6-4所示。利用"色阶"对话框可调整图像的阴影、中间调和高光的强度级别,从而校正图像的色调范围和色彩平衡。

在图6-4所示的"色阶"对话框中,外面的两个"输入色阶"滑块将黑场和白场映射到"输出"滑块的设置。在默认情况下,"输出"滑块位于色阶0(像素为全黑)和色阶255(像素为全白)之间。因此,在"输出"滑块的默认位置,如果移动

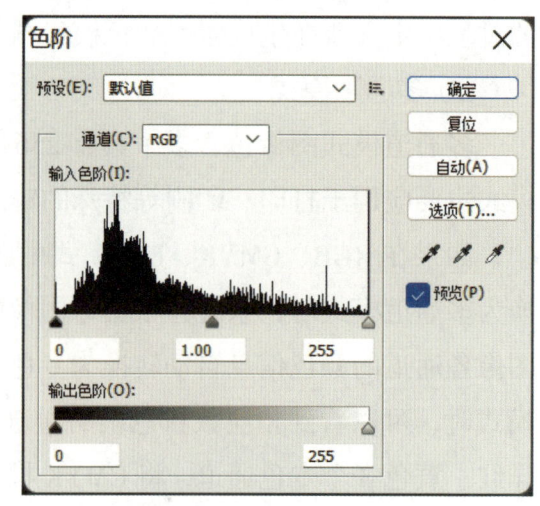

图6-4 "色阶"对话框

黑场"输入"滑块,则会将像素值映射为色阶0;移动白场"输入"滑块,则会将像素值映射为色阶255。其余的色阶将在色阶0和255之间重新分布。这种重新分布情况将会增大图像的色调范围,实际上增强了图像的整体对比度。中间"输入"滑块用于调整图像中的灰度系数。向左移动中间"输入"滑块可使整个图像变亮,这时滑块将较低(较暗)色阶向上映射到"输出"滑块之间的中点色阶。将中间"输入"滑块向右移动会产生相反的效果,使图像变暗。3个滑块的调整量也可以直接在"输入色阶"数值框中输入。

3)"曲线"命令

该命令用于调整图片不同通道中的颜色明暗度。选择"图像"→"调整"→"曲线"命令或按"Ctrl+M"组合键可弹出"曲线"对话框,如图6-5所示。

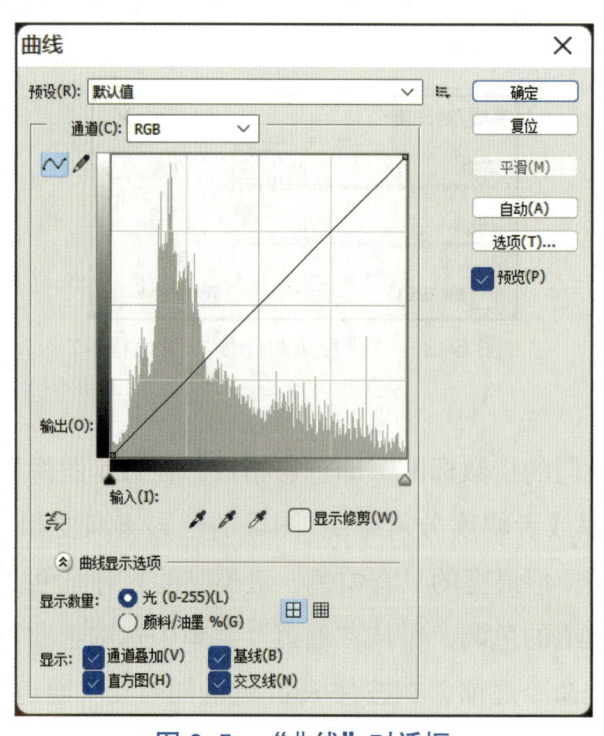

图6-5 "曲线"对话框

"曲线"对话框打开后，色调范围将呈现为一条直的对角线，图表的水平轴表示像素（输入色阶）原来的强度值；垂直轴表示新的颜色值（输出色阶）。在默认情况下，"曲线"对话框对于 RGB 图像显示强度值［0~255，黑色（0）位于左下角］；对于 CMYK 图像显示百分比［0~100，高光（0%）位于左下角］。单击"自动"按钮会应用"自动颜色""自动对比度"或"自动色阶"校正，具体情况取决于"自动颜色校正选项"对话框中的设置。

在图 6-5 所示的"曲线"对话框中更改曲线的形状可改变图像的色调和颜色。将曲线向上或向下弯曲将使图像变亮或变暗，具体情况取决于"曲线"对话框是设置为显示色阶还是百分比。曲线上比较陡直的部分代表图像对比度较高的区域。相反，曲线上比较平缓的部分代表对比度较低的区域。

如果将"曲线"对话框设置为显示色阶而不是百分比，则会在图像的右上角呈现高光。移动曲线顶部的点将主要调整高光；移动曲线中心的点将主要调整中间调；移动曲线底部的点将主要调整阴影。将点向下或向右移动会将"输入"值映射到较小的"输出"值，并会使图像变暗。相反，将点向上或向左移动会将较小的"输入"值映射到较大的"输出"值，并会使图像变亮。因此，如果希望使阴影变亮，可向上移动靠近曲线底部的点；如果希望使高光变暗，可向下移动靠近曲线顶部的点。

通常，在对大多数图像进行色调和色彩校正时只需要进行较小的曲线调整。

4）"曝光度"命令

"曝光度"命令的原理是模拟数码照相机内部的曝光程序对图片进行二次曝光处理，一般用于调整照相机拍摄的曝光不足或曝光过度的照片。

选择"图像"→"调整"→"曝光度"命令，弹出"曝光度"对话框，如图 6-6 所示。

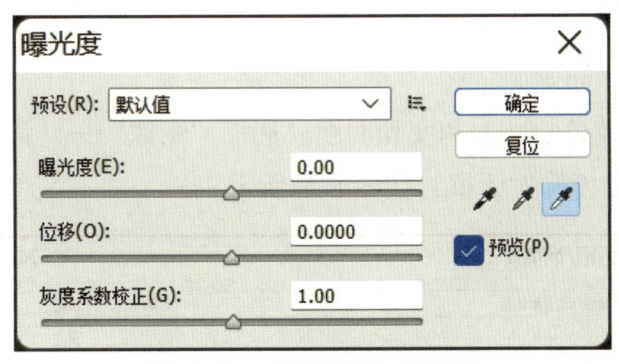

图 6-6 "曝光度"对话框

（1）拖动"曝光度"滑块或输入相应数值可以调整图像的高光。正值增加图像曝光度，负值降低图像曝光度。

（2）"位移"选项用于调整图像的阴影，对图像的高光区域影响较小；向右拖动滑块，使图像的阴影变亮。

（3）"灰度系数校正"选项用于调整图像的中间调，对图像的阴影和高光区域影响小；

向左拖动滑块，使图像的中间调变亮。

（4）吸管工具用于调整图像的亮度值（与影响所有颜色通道的"色阶"吸管工具不同）。

①"设置黑场"吸管工具用于设置"位移量"，同时将所点按的像素改变为零。

②"设置白场"吸管工具用于设置"曝光度"，同时将所点按的点改变为白色（对于 HDR 图像为 1.0）。

③"设置灰场"吸管工具用于设置"曝光度"，同时将所点按的值变为中度灰色。

5)"自然饱和度"命令

"自然饱和度"命令的功能和"色相"→"饱和度"命令类似，它们都可以使图片更加鲜艳或暗淡，但"自然饱和度"命令的效果更加细腻，可智能地处理图像中不够饱和的部分和忽略足够饱和的颜色。选择"图像"→"调整"→"自然饱和度"命令，弹出"自然饱和度"对话框，如图 6-7 所示。

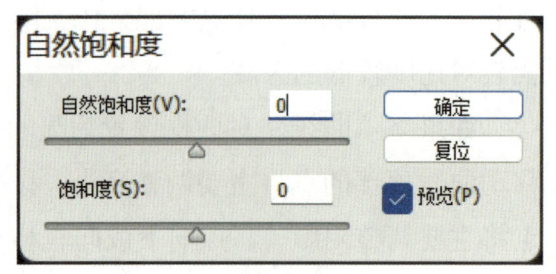

图 6-7　"自然饱和度"对话框

在使用"自然饱和度"对话框调整图像时，会自动保护图像中已饱和的部位，只对其做小部分调整，而着重调整不饱和的部位，这样会使图像整体的饱和趋于正常。

（1）向右拖动"自然饱和度"滑块或直接输入参数值，可以增强图像的自然饱和度（"自然饱和度"选项对图像色彩影响不明显，主要针对图像中饱和度过低的区域增强饱和度）。

（2）向右拖动"饱和度"滑块或直接输入参数值，可以增强图像的饱和度（"饱和度"选项对色彩的饱和度起主要作用）。

6)"色相/饱和度"命令

该命令主要用于调节色相、饱和度和明度。选择"图像"→"调整"→"色相/饱和度"命令，弹出"色相/饱和度"对话框，如图 6-8 所示。

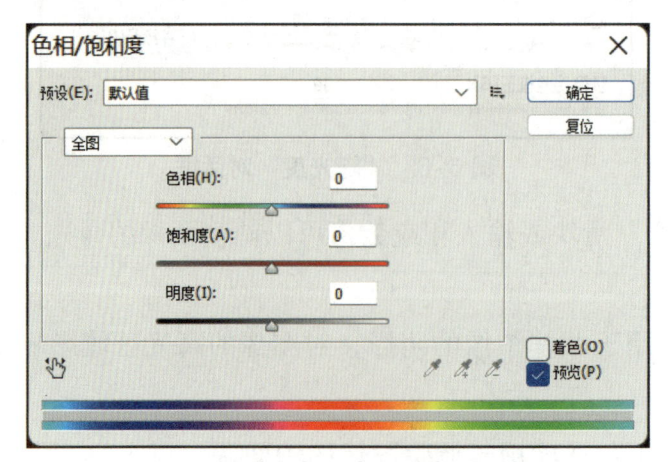

图 6-8　"色相/饱和度"对话框

（1）拖动"色相"的滑块可以改变色相。"色相/饱和度"对话框下方有两个色谱，其中上方的色谱是固定的，下方的色谱会随着"色相"滑块的移动而改变。这两个色谱的状态其实就是色相改变的结果。

（2）饱和度控制图像色彩的浓淡程度，其改变的同时下方的色谱也会跟着改变。将饱和度调至最低的时候，图像就变为灰度图像。对灰度图像改变色相是没有作用的。

（3）明度就是亮度，将明度调至最低会得到黑色，将明度调至最高会得到白色。对黑色和白色改变色相或饱和度都没有效果。

（4）在"色相/饱和度"对话框右下角有一个"着色"复选框，它的作用是将画面改为同一种颜色的效果。勾选"着色"复选框可使图像变成单色图像，从而单独对一种颜色进行调节。

7）"色彩平衡"命令

该命令功能较少，但操作直观方便。选择"图像"→"调整"→"色彩平衡"命令或按"Ctrl+B"组合键，弹出"色彩平衡"对话框，如图6-9所示。

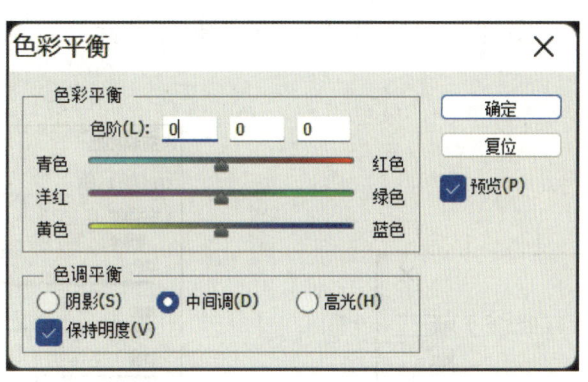

图 6-9　"色彩平衡"对话框

"色调平衡"选项组中将图像笼统地分为"阴影""中间调"和"高光"3个色调，每个色调可以进行独立的色彩调整。从3个"色彩平衡"滑块中，可以看到几组反转色：红色对青色，绿色对洋红，蓝色对黄色。属于反转色的两种颜色不可能同时增加或减少。

8）"黑白"命令

"黑白"命令在调节黑白照片时常用。选择"图像"→"调整"→"黑白"命令或按"Ctrl+Shift+Alt+B"组合键，弹出"黑白"对话框，如图6-10所示。在"预设"下拉列表框中可以看到很多选项，它们都是Photoshop CC 2022自带的一些效果。

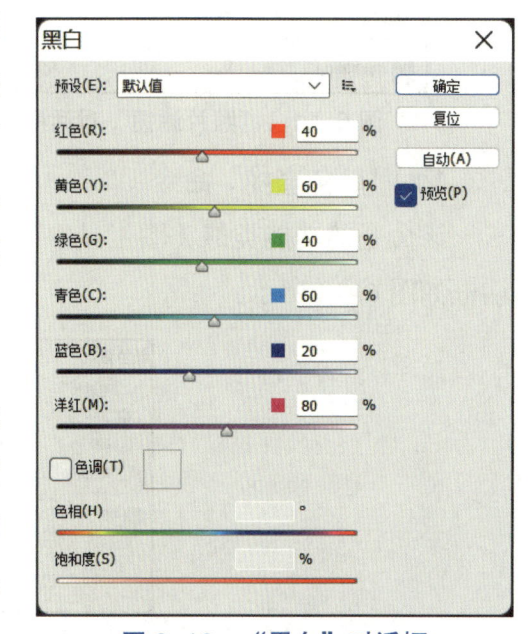

图 6-10　"黑白"对话框

调节某颜色条的滑块，会对图像中的这种颜色进行调节，勾选"色调"复选框后，图像的颜色基调会呈现色调滑块所指示的颜色，可以将图像变成单色图像，而对于饱和度，移动其对应的滑块，画面的鲜艳程度有所改变。

可以把图片去色直接变成黑白效果，但是这种黑白效果不专业。"黑白"命令的功能就强大很多，调用"黑白"命令后，图片会变成黑白效果，但是在设置面板中仍然能对图片的原有颜色进行识别。

9）"照片滤镜"命令

选择"图像"→"调整"→"照片滤镜"命令，弹出"照片滤镜"对话框，如图 6-11 所示。该命令模仿在照相机镜头前面加彩色滤镜，以便调整通过镜头传输的光的色彩平衡和色温，使胶片曝光。"照片滤镜"命令还允许选择预设的颜色，以便应用色相调整图像。如果应用自定颜色调整，则"照片滤镜"命令允许使用 Adobe 拾色器指定颜色（自定义滤镜颜色）。

10）"通道混合器"命令

该命令是 Photoshop CC 2022 软件中的一条关于色彩调整的命令。该命令可以调整某个通道中的颜色成分。选择"图像"→"调整"→"通道混合器"命令，弹出"通道混合器"对话框，如图 6-12 所示。

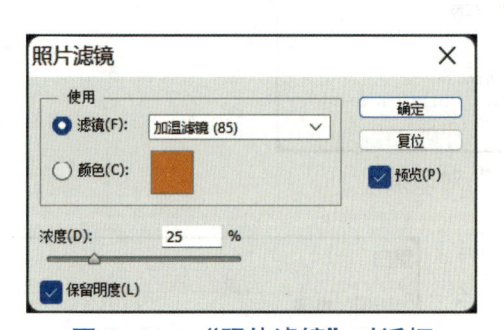

图 6-11　"照片滤镜"对话框

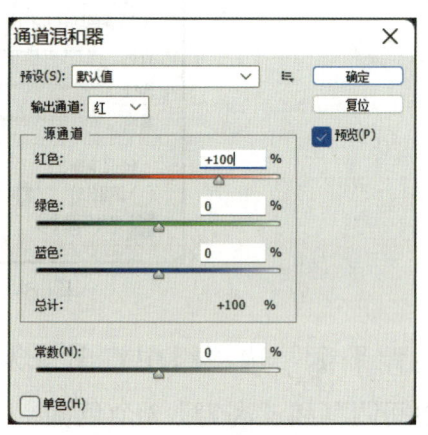

图 6-12　"通道混合器"对话框

11）"颜色查找"命令

该命令的功能类似美图工具中的滤镜，可以实现图片的高级色彩变化。"颜色查找"对话框如图 6-13 所示。

图 6-13　"颜色查找"对话框

12)"反相"命令

反相的概念涉及专业的色彩知识,可以简单理解为一个像素或整张图片的反相颜色,即 225 减去原图的 RGB 数值。例如,对于图 6-14 通过选择"图像"→"调整"→"反相"命令,可以得到图 6-15 所示的效果。

图 6-14 原图

图 6-15 反相后的效果

13)"色调分离"命令

色调分离是指将原本由紧紧相邻的渐变色阶构成的图像,以数种突然的颜色转变代替。这一种突然的转变也称作"跳阶"。色调分离可以是因为系统或档案格式对渐变色阶的支持不够而构成,但也可通过相片编辑程式达到相同的效果。

14)"阈值"命令

该命令将图像分成黑、白两种像素,没有第 3 种像素。在"阈值"对话框中只有一个滑块,左侧是黑,右侧是白,因此把这个滑块形象地称为"门槛儿"。"阈值"命令有两大作用:第一,将灰度或彩色图像转换为高对比度的黑白图像;第二,指定某个色阶作为阈值,则所有比阈值亮的像素都转化为白色,所有比阈值暗的像素都转化为黑色,这对于确定图像的最亮和最暗区域非常有用。例如,可以通过选择"图像"→"调整"→"阈值"命令,打开"阈值"对话框(图 6-16),拖动滑块或直接输入"阈值色阶"为 200,将图 6-17 改为图 6-18 所示的效果。

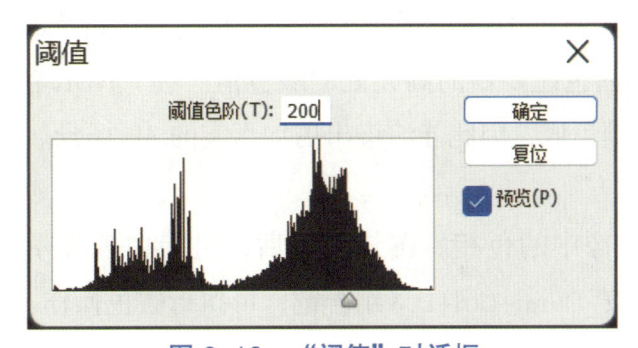

图 6-16 "阈值"对话框

图 6-17　原图　　　　　　　　　图 6-18　"阈值"命令效果

15）"渐变映射"命令

"渐变映射"命令是作用于其下图层的一种调整控制，它将不同亮度映射到不同的颜色上。使用"渐变映射"命令可以应用渐变重新调整图像，它用于对原始图像的灰度进行细节，加入所选的颜色。

16）"可选颜色"命令

"可选颜色"命令可以调整各颜色的成分。选择"图像"→"调整"→"可选颜色"命令，弹出"可选颜色"对话框，如图 6-19 所示。

17）"阴影/高光"命令

该命令根据图像中暗调或高光的像素范围来控制色调增亮或变暗，可分别控制暗调或高光，特别适合校正因强逆光而形成剪影的照片或因太接近闪光灯而有些发白的焦点。

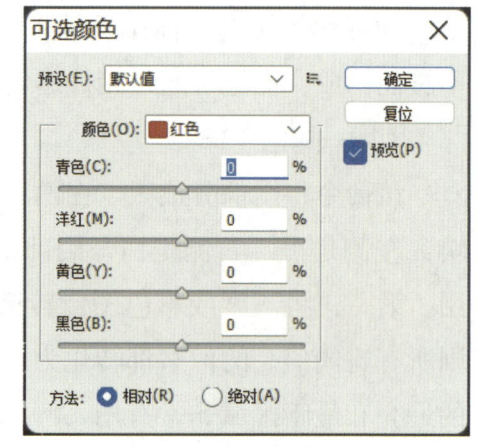

图 6-19　"可选颜色"对话框

18）"HDR 色调"命令

HDR（High Dynamic Range）是指高动态范围。动态范围是指信号最高值和最低值的对比值。目前的 16 位整型格式使用从"0"（黑）到"1"（白）的颜色值，但是不允许"过范围"值，如金属表面比白色还要白的高光处的颜色值。在"HDR 色调"命令的帮助下，可以使用超出普通范围的颜色值，因此能渲染出更加真实的 3D 场景。

19）"去色"命令

该命令用于去除图像中的色相。图像去色后，呈黑白色显示。选择"图像"→"调整"→"去色"命令或按"Shift+Ctrl+U"组合键，可执行去色操作。

20）"匹配颜色"命令

该命令用于使两张或多张图片的颜色倾向于一个色调，从而使图片的色调统一。

21)"替换颜色"命令

该命令可将某一容差范围内的某种颜色替换为另一种颜色。选择"图像"→"调整"→"替换颜色"命令，弹出"替换颜色"对话框，如图6-20所示。

22)"色调均化"命令

该命令可以重新分布像素的亮度值，将最亮的值调整为白色，将最暗的值调整为黑色，将中间的值分布在整个灰度范围内，使它们更均匀地呈现所有范围的亮度级别（0~255）。该命令可以增加颜色相近的像素间的对比度。

4. 对图像进行快速全面的调整

除了可以使用"亮度/对比度"命令和"色调均化"命令对图像的色调范围进行简单的调整，还可以通过"自动色阶"命令、"自动对比度"命令、"自动颜色"命令对图像进行快速全面的调整。

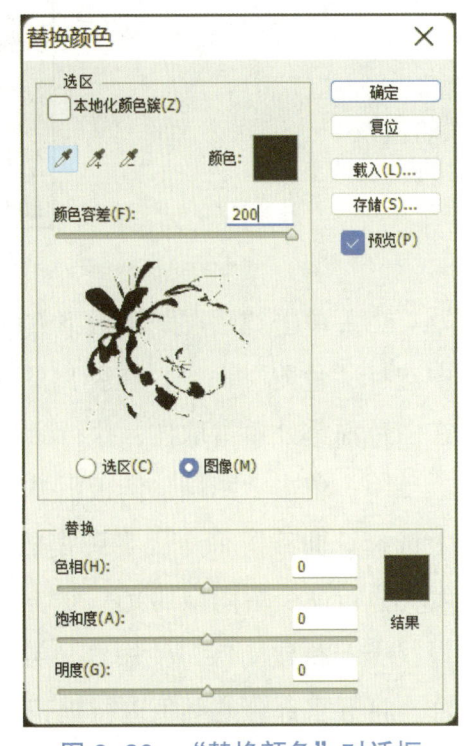

图 6-20 "替换颜色"对话框

1)"自动色阶"命令

"自动色阶"命令用于自动调整图像中的黑场和白场。它剪切每个通道中的阴影和高光部分，并将每个颜色通道中最亮和最暗的像素映射到纯白（色阶为 255）和纯黑（色阶为 0）。中间像素值按比例重新分布。

2)"自动对比度"命令

选择"自动对比度"命令不会弹出对话框，不需要设置参数即可自动调整图像对比度。该命令适用于要求不高的图像。

3)"自动颜色"命令

"自动颜色"命令可快速校正图像中的色彩平衡。可以通过"自动颜色校正选项"对话框微调"自动颜色"命令的执行方式。在"色阶"或"曲线"对话框中，单击"选项"按钮可打开"自动颜色校正选项"对话框。

实现步骤

（1）在 Photoshop CC 2022 中打开图 6-1 所示素材。

（2）选择"图像"→"调整"→"照片滤镜"命令，在弹出的"照片滤镜"对话框中，选择"滤镜"为"冷却滤镜（82）"，"浓度"设置为 70%，如图 6-21 所示，调整后整体图像的黄色变淡。

图 6-21 "照片滤镜"对话框

（3）单击"图层"调板下方的"创建新的填充或调整图层"按钮，在弹出的下拉列表框中选择"色阶"命令，在弹出的"色阶"对话框中单击"在图像中取样以设置白场"按钮，在白色猫毛处单击取样，执行命令后图像的色彩饱和度增强。

（4）单击"图层"调板下方的"创建新的填充或调整图层"按钮，在弹出的下拉列表框中选择"曲线"命令，在弹出的"曲线"对话框中将曲线中间稍微往上拉，提高图像的亮度，执行命令后图像的光亮度增强。

（5）新建图层，使用红色柔角画笔，在猫的五官区域绘制颜色，再将图层进行柔光混合，将五官部分的颜色进行提亮，最终效果如图 6-2 所示。

（6）选择"文件"→"存储为"命令，将图片以"猫儿.psd"为文件名进行保存。

练习巩固

使用"色阶"对话框中的"输入色阶"滑块，将图 6-22 调整为图 6-23 所示的效果。

图 6-22 原图　　　　图 6-23 调整后效果

任务 6.2　制作"秋天美景"效果

任务目标

对图 6-24 所示的"树林"素材里的植物进行颜色处理，使其变成黄色，制作"秋天美景"效果。

图 6-24　"树林"素材

相关知识

1. "通道混合器"命令

选择"图像"→"调整"→"通道混合器"命令，弹出"通道混合器"对话框，如图 6-12 所示。

（1）输出通道：可以选取要在其中混合一个或多个源通道的通道。

（2）源通道：拖动滑块可以降低或增高源通道在输出通道中所占的百分比，或在文本框中直接输入 –200~+200 的数值。

（3）常数：该选项可以将一个不透明的通道添加到输出通道，若为负值则视为黑通道，若为正值则视为白通道。

（4）单色：勾选该复选框可对所有输出通道应用相同的设置，创建该色彩模式下的灰度图。

2. "HDR 色调"命令

选择"图像"→"调整"→"HDR 色调"命令，如图 6-25 所示，可以弹出"HDR 色调"对话框，如图 6-26 所示。

图 6-25　选择"图像"→"调整"→"HDR 色调"命令　　　图 6-26　"HDR 色调"对话框

实现步骤

（1）打开图 6-24 所示的"树林"素材，选择"图像"→"调整"→"HDR 色调"命令，弹出"HDR 色调"对话框，如图 6-26 所示，经过 HDR 色调操作后，图片的整体清晰度提高了，树叶也显现黄绿色。

（2）选择"图像"→"调整"→"通道混合器"命令，在弹出的"通道混合器"对话框中进行参数设置，如图 6-27 所示。

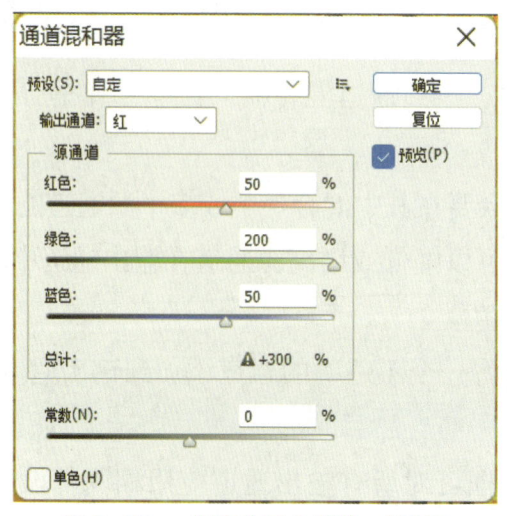

图 6-27　"通道混合器"对话框

（3）单击"图层"调板下方的"创建新的填充或调整图层"按钮，在弹出的下拉列表框中选择"色阶"命令，在弹出的"色阶"面板中选择"预设"下拉列表框中的"增加对比度2"选项。

（4）按"Ctrl+Shift+Alt+E"组合键将图层盖印，得到"图层1"。

（5）选择"图像"→"应用图像"命令，在弹出的"应用图像"对话框中设置"混合"为"实色混色"，"不透明度"为5%，如图6-28所示。

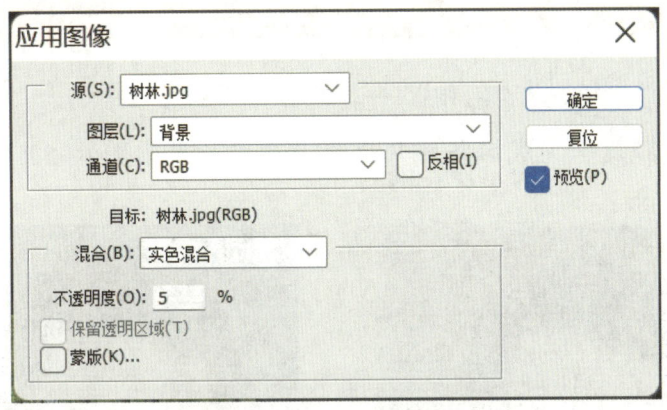

图6-28 "应用图像"对话框

（6）选择"文件"→"存储为"命令，将图片以"秋天美景"为文件名进行保存。

练习巩固

利用"通道混合器"命令，将图6-29所示的"树"素材调整为图6-30所示的效果。

图6-29 "树"素材　　　　图6-30 调整后效果

任务 6.3 制作"老照片翻新并上色"效果

任务目标

综合运用"曲线""模式""色相"→"饱和度""色彩平衡"等命令,修复图 6-31 所示的老照片上的破损处,完成后将照片上色,最终效果如图 6-32 所示。

图 6-31 "老照片"素材   图 6-32 翻新并上色后的效果

相关知识

本任务要求综合运用任务 6.2 和任务 6.3 的知识,在此不赘述。

在使用 Photoshop CC 2022 对老照片翻新时,除了使用"图像"→"调整"命令,还经常使用到修饰工具和修复工具。下面对修饰工具和修复工具进行简单介绍。

1. 修饰工具

修饰工具是通过设置画笔笔触,并在图像上随意涂抹,以修饰图像中的细节部分。修饰工具包括模糊工具、锐化工具、涂抹工具、仿制图章工具和图案图章工具。

1)模糊工具

使用模糊工具可以将图像变得模糊,而未被模糊的图像将显得更加突出和清晰,其属性栏如图 6-33 所示。

图 6-33 模糊工具属性栏

（1）画笔：设置模糊的大小。

（2）模式：可在"模式"下拉列表框中选择操作时的混合模式，它的意义与图层混合模式相同。

（3）强度：设置画笔的力度。数值越大，画出的线条颜色越深，模糊效果越强。

（4）对所有图层取样：勾选该复选框可将模糊应用于所有可见图层，否则将模糊应用于当前图层。使用模糊工具处理图像前、后的效果如图 6-34 所示。

图 6-34　使用模糊工具处理图像前、后的效果
（a）原图；（b）使用模糊工具后的效果

2）锐化工具

锐化工具的作用与模糊工具的作用刚好相反，它可用于锐化图像的部分像素，使被操作区域更清晰。锐化工具和模糊工具是一组工具，通过快捷键"Shift+R"切换。其应用效果如图 6-35 所示。

图 6-35　锐化工具应用效果
（a）原图；（b）使用锐化工具后的效果

3）涂抹工具

涂抹工具产生的效果类似用手指搅拌颜色，模拟在未干的绘画纸上拖动手指的效果。使用涂抹工具时，Photoshop CC 2022 从单击处的颜色开始，将它与鼠标指针经过的区域颜色混合。除了混合颜色和搅拌颜料之外，涂抹工具还可用来在图像中产生水彩般的效果，其属性栏如图 6-36 所示。

图 6-36　涂抹工具属性栏

勾选该工具属性栏中的"对所有图层取样"复选框，可以对所有可见图层中的颜色进行涂抹，取消勾选该复选框，则只对当前图层中的颜色进行涂抹；勾选"手指绘画"复选框，可以从起点描边处使用前景色进行涂抹，取消勾选该复选框，则涂抹工具只会在起点描边处用所指定的颜色进行涂抹。使用涂抹工具对图像进行处理前、后的效果如图 6-37 所示。

（a）　　　　　　　　　　　　　　（b）

图 6-37　使用涂抹工具对图像进行处理前、后的效果
（a）使用"手指绘画"的效果；（b）没有使用"手指绘画"的效果

4）仿制图章工具

使用仿制图章工具可以从图像中取样，然后将样本应用到其他图像或同一图像的其他部分，其属性栏如图 6-38 所示。

图 6-38　仿制图章工具属性栏

该工具属性栏中的"对齐"复选框用于对整个取样区域仅对齐一次，即使操作由于某种原因而停止，当再次使用该工具操作时，仍可以从上次结束操作的位置开始，直到再次取样；若取消勾选该复选框，则每次停止操作后再进行操作时，必须重新取样。

5）图案图章工具

图案图章工具可以复制定义好的图案，它能在目标图像上连续绘制出选定区域的图像，其属性栏如图 6-39 所示。

图 6-39 图案图章工具属性栏

（1）画笔：用于设置绘图时使用的画笔类型。

（2）对齐：用于控制是否在复制时使用对齐功能。其作用与仿制图案工具相同。

（3）印象派效果：应用印象派艺术效果。图案的笔触会变得扭曲、模糊。

2. 修复工具

在处理图像时，对于图片中一些不满意的部分可以使用修复和修补工具进行修改或复原。Photoshop CC 2022 的修饰功能应用很广泛，可以对人物面部的雀斑、疤痕等进行处理，还可以对闪光拍照留下的红眼进行修饰。

1）污点修复画笔工具

使用污点修复画笔工具可以快速移去图像中的污点和不理想的部分。它使用图像或图案中的样本像素进行绘画，并将样本像素的纹理、光照、透明度和阴影与所修复的像素匹配。与修复画笔工具不同的是，污点修复画笔工具不需要用户指定样本点，它自动从修饰区域的周围取样。其属性栏如图 6-40 所示。

图 6-40 污点修复画笔工具属性栏

（1）近似匹配：使用选区边缘周围的像素来查找要用作选定区域修补的图像区域。

（2）创建纹理：使用选区中的所有像素创建一个用于修复该区域的纹理。

使用污点修复画笔工具对图像进行修复前、后的效果如图 6-41 所示。

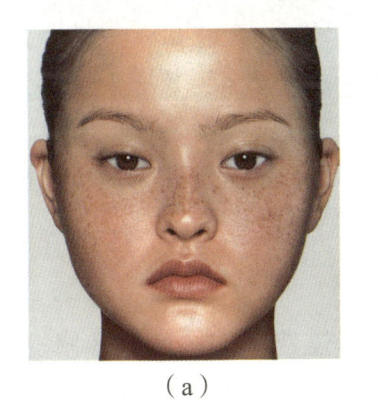

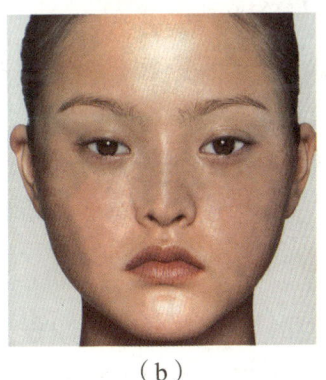

（a） （b）

图 6-41 使用污点修复画笔工具对图像进行修复前、后的效果
（a）原图；（b）选用"创建纹理"的效果

2）修复画笔工具

修复画笔工具可用于校正图像中的瑕疵。修复画笔工具与仿制图章工具一样，可以使用图像或图案中的样本像素来绘画，但修复画笔工具还可将样本像素的纹理、光照和阴影与源

像素进行匹配，从而使修复后的像素不留痕迹地融入图像的其余部分。其属性栏如图 6-42 所示。

图 6-42　修复画笔工具属性栏

该工具属性栏中各主要选项的含义如下。

（1）画笔：用于设置画笔大小。

（2）模式：用于设置图像在修复过程中的混合模式。

（3）取样：单击该单选按钮，在按住 Alt 键的同时在图像内单击，即可确定取样点，释放 Alt 键，将鼠标指针移动到需复制的位置，拖动鼠标即可修复图像。

（4）图案：用于设置在修复图像时以图案或自定义图案对图像进行图案填充。

（5）对齐：对像素连续取样，而不会丢失当前的取样点，即使松开鼠标按键时也是如此。如果取消勾选"对齐"复选框，则会在每次停止并重新开始绘画时使用初始取样点中的样本像素。

使用修复画笔工具对图像进行修复前、后的效果如图 6-43 所示。

（a）　　　　　　　　　　　　　　　　（b）

图 6-43　使用修复画笔工具对图像进行修复前、后的效果
（a）修复前；（b）修复后

3）修补工具

修补工具是用其他区域或图案中的像素来修复选中的区域。像修复画笔工具一样，修补工具会将样本像素的纹理、光照和阴影与源像素进行匹配，还可以仿制图像的隔离区域。修补工具与污点修复画笔工具是一组工具，使用快捷键"Shift+J"切换。其属性栏如图 6-44 所示。

图 6-44　修补工具属性栏

单击该工具属性栏中的"源"单选按钮，可使用其他区域的图像对所选区域进行修复；单击"目标"单选按钮，可使用所选的图像对其他区域的图像进行修复；单击"使用图案"按钮，可使用目标图像覆盖选定的区域。

4）红眼工具

红眼工具可以消除照片中的红眼，也可以移除闪光灯拍摄动物照片时的白色或绿色反光，其属性栏如图 6-45 所示。

图 6-45　红眼工具属性栏

在该工具属性栏中的"瞳孔大小"数值框中，可通过拖动滑块或输入 1%~100% 的整数值来设置瞳孔（眼睛暗色的中心）的大小；在"变暗量"数值框中，可通过拖动滑块或输入 1%~100% 的整数值来设置瞳孔的暗度。

实现步骤

（1）打开图 6-31 所示"老照片"素材，观察图像，老照片已经出现很多斑点，下面使用仿制图章工具把人物皮肤、衣服、头发上面的污垢去掉，暂不修复背景。复制一个"背景"图层，命名为"人物"，选中"人物"图层，选择仿制图章工具，按住 Alt 键，把光标移到污点附近没有受损的区域单击取样后，在污点外进行涂抹，在涂抹的过程中注意适当调整笔头的大小，这里把笔头的"流量"设置为"36%"，如图 6-46 所示，涂抹后的效果如图 6-47 所示。

图 6-46　用仿制图章工具去除污点　　图 6-47　去除污点后的人物

（2）选择钢笔工具，绘制出人物的路径，在选择钢笔工具的状态下单击鼠标右键，在弹出的快捷菜单中选择"建立选区"命令，在弹出的"建立选区"对话框中，设置"羽化半径"为"1px"，单击"确定"按钮后选择"选择"→"反选"命令（也可以按"Ctrl+Shift+I"组合键），将选区反选。切换到"图层"调板，选择"人物"图层，按 Delete 键删除人物背景，按"Ctrl+D"组合键取消选区。

（3）对人物的细微部分进行修饰，这是上色前的重要一步。选中工具箱中的模糊工具，将"强度"设置为"20%"，对人物脸部皮肤进行涂抹，以去除皮肤表面的噪点，在涂抹到人物脸部的边缘时要适当减小笔头的大小。对人物的头发也应进行适当的涂抹。涂抹完成后，人物的部分细节丢失了，这时，使用加深工具、减淡工具、涂抹工具对人物的阴暗明亮部分进行涂抹，以增强脸部皮肤的对比度和真实感。对于眼睛等部分可以先创建对应的选区后涂抹，如图 6-48 所示。继续对人物的嘴巴轮廓适当进行加深和涂抹，完成后如图 6-49 所示。

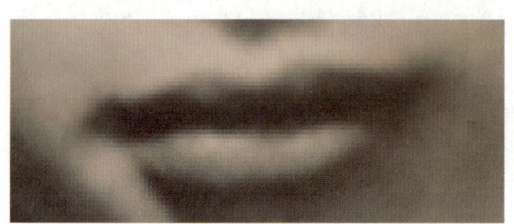

图 6-48　涂抹眼睛　　　　图 6-49　加深和涂抹嘴巴

（4）人物的头发经过模糊工具涂抹后失去纹理，下面使用涂抹工具给人物"生发"。选中工具箱中的涂抹工具，把笔头的"硬度"设置为"20%"，"大小"设置为"5px"。在人物头发暗部区域向亮区域涂抹，在涂抹过程中要注意适当调整笔头的硬度和涂抹的方向，使涂抹的头发纹理清晰自然，如图 6-50 所示。

（5）对人物的耳朵使用涂抹工具、加深工具和减淡工具仔细涂抹，最终得到图 6-51 所示的效果。

图 6-50　给人物"生发"　　　　图 6-51　整体效果

（6）对人物的衣服进行修复。在衣领与皮肤的重叠处使用加深工具涂抹以加入阴影，再把加深工具笔头适当调小，绘制衣领上的缝纫线；把前景色设置为灰白色（R：233，G：232，B：234），使用画笔对白色衣领进行涂抹，如图 6-52 所示。整体效果如图 6-53 所示。

图 6-52　修复衣服

图 6-53　整体效果

（7）在"人物"图层下方新建 1 个图层，命名为"背景色"，把前景色设置为（R：255，G：235，B：200），将背景色设置为（R：232，G：232，B：323），在刚创建的图层上创建背景颜色。单击"图层"调板右下角的按钮，在弹出的快捷菜单中选择"色彩平衡"命令，参数设置如图 6-54 所示，效果如图 6-55 所示。

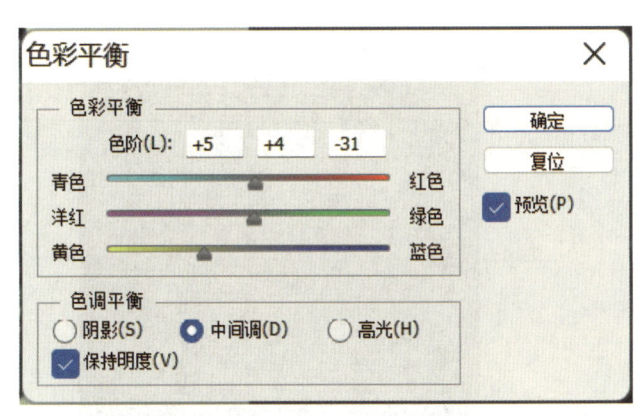

图 6-54　设置色彩参数

图 6-55　整体效果

（8）给人物的外套着色。单击"图层"调板右下角的按钮，在弹出的快捷菜单中选择"亮度/对比度"命令，在弹出的"亮度/对比度"对话框中，将"亮度"设置为"-27"，将"对比度"设置为"6"。再次单击按钮，在弹出的快捷菜单中选择"色相/饱和度"命令，将"色相"设置为"226"，将"饱和度"设置为"35"，将"明度"设置为"0"。双击图层名字，把图层重命名为"衣服"，如图 6-56 所示。选中本调整层的蒙版，把蒙版填充为黑色，把前景色设置为白色，用画笔涂抹出外套的轮廓。

图 6-56　把图层重命名为"衣服"

（9）单击"图层"调板右下角的 按钮，在弹出的快捷菜单中选择"色彩平衡"命令，在弹出的"色彩平衡"对话框中进行设置，如图 6-57 所示。选中本调整图层的蒙版，把前景色设置为黑色，用画笔涂抹出多余部分，如图 6-58 所示。

图 6-57　参数设置

图 6-58　上色后效果

（10）重复第（8）步和第（9）步，分别给人物的皮肤、嘴巴上色，设置对话框分别如图 6-59~图 6-62 所示。

图 6-59　领带上色处理

图 6-60　眼睛上色处理

图 6-61　皮肤上色处理

图 6-62　头发上色处理

（11）由于在着色前对人物皮肤进行了光滑处理，因此皮肤的复杂纹理消失了，下面为皮肤添加细化纹理。新建一个图层，命名为"纹理"，选择"编辑"→"填充"命令，在弹出的"填充"对话框的"使用"下拉列表框中选择"50%灰色"选项，单击"确定"按钮，如图 6-63 所示。选中本图层，选择"滤镜"→"杂色"→"添加杂色"命令，在弹出的"杂色"添加对话框中设置"数量"为"10%"，"分布形式"为"平均分布"，勾选"单色"复选框。再选择"滤镜"→"风格化"→"浮雕效果"命令，在弹出的对话框中设置"角度"为"135 度"，"高度"为"1px"，"数量"为"100%"，单击"确定"按钮后，把本图层的混合模式修改为"叠加"。单击"图层"调板右下方的按钮，为本图层添加一个蒙版，把前景色设置为黑色，在蒙版上把除人物脸部外的其他区域涂黑，设置该图层的不透明度为15%。最终效果如图 6-32 所示。

图 6-63　"填充"对话框

练习巩固

运用"渐变映射"命令将图 6-64 调整清楚，效果如图 6-65 所示。

图 6-64 "风景"素材

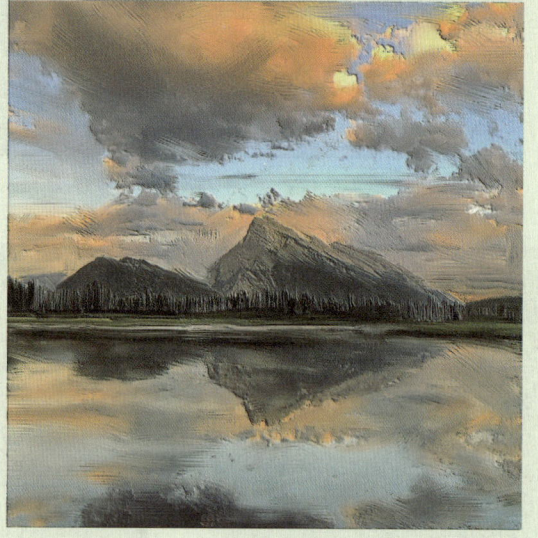

图 6-65 调整清晰度效果

项目 7 滤镜的应用

知识目标

（1）了解 Photoshop CC 2022 内置滤镜的种类。

（2）掌握不同内置滤镜的处理效果。

能力目标

（1）能够利用各类滤镜进行画面处理。

（2）能够根据设计的主题要求，选用合适的滤镜。

素养目标

（1）引导学生勤加练习、熟能生巧、举一反三。

（2）培养学生的设计和画面整体规划的思维。

（3）引导学生感受中国科技发展，建立民族自信。

任务 7.1 制作"雾起云涌"效果

任务目标

本任务要求掌握使用"渲染"滤镜组（云彩）制作特效。利用图 7-1 所示的素材，创作图 7-2 所示的"雾起云涌"效果。

图 7-1　素材

图 7-2　"雾起云涌"效果

相关知识

1. "风格化"滤镜组

"风格化"滤镜组可以产生不同风格的印象派艺术效果，如图 7-3 所示。

（1）查找边缘：强调图像的轮廓，用彩色线条勾画出彩色图像边缘，用白色线条勾画出灰度图像边缘，如图 7-4 所示。

（2）等高线：查找图像中主要亮度区域的过渡区域，并用细线勾画每个颜色通道的图像边缘，如图 7-5 所示。

图 7-3　"风格化"滤镜组

项目 7　滤镜的应用

图 7-4　查找边缘 　　　　　　　图 7-5　等高线

（3）风：在图像中创建细小的水平线以模拟风的效果，如图 7-6 所示。选择"滤镜"→"风格化"→"风"命令，弹出"风"对话框，对话框中的"方法"选项区用于设置风的方式，包括"风""大风"和"飓风"3 种；"方向"选项区用于确定风的方向，包括"从左"和"从右"两个方向，如图 7-7 所示。

图 7-6　风 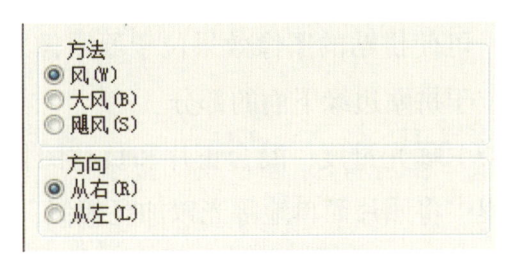　　　　　　　　　　图 7-7　"风"对话框

（4）浮雕效果：将图像的颜色转换为灰色，并用原图像的颜色勾画边缘，使选区显得突出或下陷。选择"滤镜"→"风格化"→"浮雕效果"命令，弹出"浮雕效果"对话框，如图 7-8 所示，效果如图 7-9 所示。

（5）扩散：根据所选项搅乱选区内的像素，使选区看起来聚焦较低，如图 7-10 所示。

图 7-8　"浮雕效果"对话框 　　　图 7-9　浮雕效果 　　　　图 7-10　扩散

143

（6）拼贴：将图像拆散为一系列的拼贴。选择"滤镜"→"风格化"→"拼贴"命令，弹出"拼贴"对话框，如图7-11所示，效果如图7-12所示。

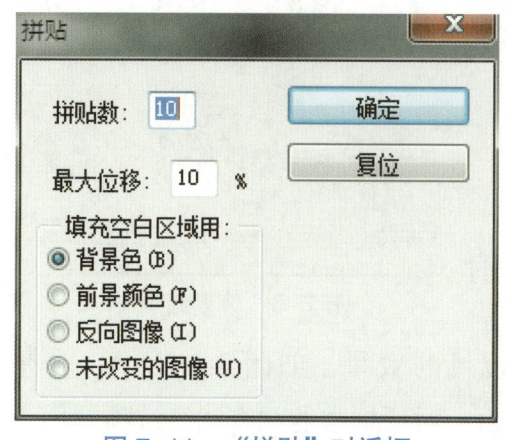

图7-11　"拼贴"对话框

图7-12　拼贴

①"拼贴数"数值框用于设置图像高度方向上分割块的数量。

②"最大位移"数值框用于设置生成方块偏移的距离。

③在"填充空白区域用"选项区中可以选取相应选项填充拼贴之间的区域，即单击"背景色""前景颜色""反向图像"或"未改变的图像"单选按钮，可使拼贴的图像效果位于原图像之上，并露出原图像中位于拼贴边缘下面的部分。

（7）曝光过度：混合正片和负片图像，与在冲洗照片的过程中将照片简单地曝光以加亮相似，如图7-13所示。

（8）凸出：可以根据"凸出"对话框内的选项设置，将图像转化为一系列三维块或三维体。用它可以扭曲图像或创建特殊的三维背景。选择"滤镜"→"风格化"→"凸出"命令，弹出"凸出"对话框，如图7-14所示，其效果如图7-15所示。

图7-13　曝光过度

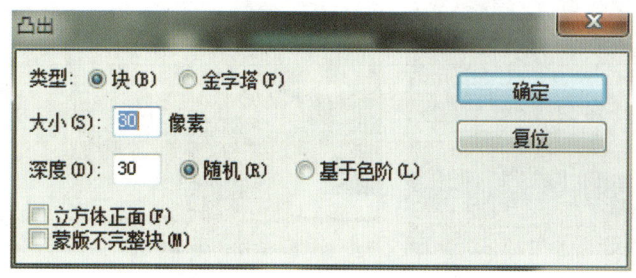

图7-14　"凸出"对话框

图7-15　凸出

2. "模糊"滤镜组

使用"模糊"滤镜组中的滤镜可以柔化选区或整个图像,以产生平滑过渡的效果。该滤镜组也可以去除图像中的杂色,使图像显得柔和,如图7-16所示。

(1)表面模糊:在保留边缘的条件下进行图像的模糊,如图7-17所示。

图7-16 "模糊"滤镜组

图7-17 表面模糊

(2)动感模糊:能以某种方向(-360°~+360°)和某种强度(1~999)模糊图像。该滤镜效果类似用固定的曝光时间给运动的物体拍照。选择"滤镜"→"模糊"→"动感模糊"命令,弹出"动感模糊"对话框,如图7-18所示。该对话框中的"角度"选项可用于设置动感模糊的方向;"距离"选项可以控制动感模糊的强度,数值越大,模糊效果就越强烈。图7-19在选择"动感模糊"滤镜后的效果如图7-20所示。

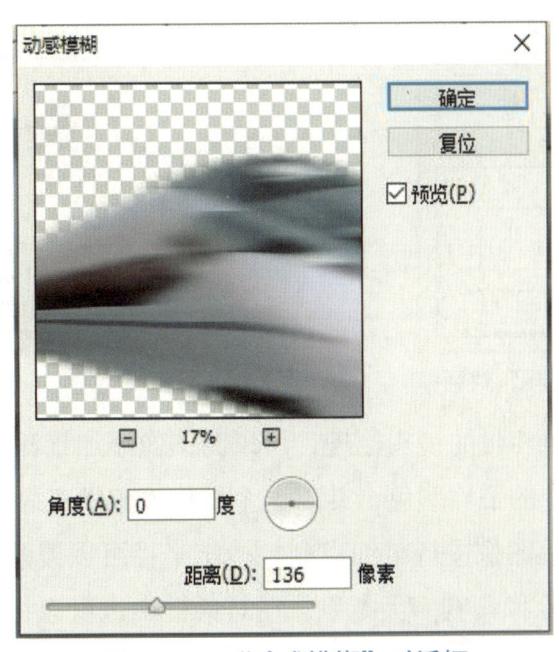

图7-18 "动感模糊"对话框

图 7-19　原图　　　　　　　　　　　　图 7-20　动感模糊效果

（3）方框模糊：以相邻的颜色为基准进行色彩平均产生的模糊效果，如图 7-21 所示。

（4）高斯模糊：按可调的数量快速地模糊选区。高斯指的是 Photoshop CC 2022 对像素进行加权平均所产生的菱状曲线。该滤镜可以添加低频的细节并产生朦胧效果，如图 7-22 所示。

图 7-21　方框模糊　　　　　　　　　　图 7-22　高斯模糊

（5）径向模糊：前后移动相机或旋转相机产生的模糊效果，用于制作柔和的效果。选择"滤镜"→"模糊"→"径向模糊"命令，弹出"径向模糊"对话框，如图 7-23 所示。其效果如图 7-24 所示。

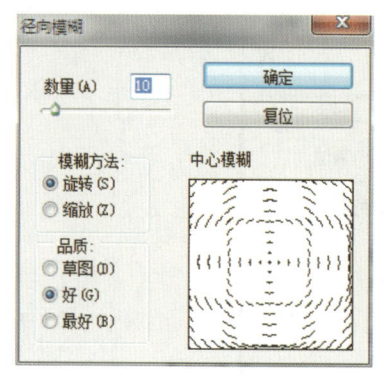

图 7-23　"径向模糊"对话框　　　　　　图 7-24　径向模糊

（6）镜头模糊：模拟照相机的镜头原理，可以为图像添加景深效果。

（7）平均：查找图像中的平均颜色，并以这个平均颜色填充画面，如图 7-25 所示。

（8）特殊模糊：对一幅图像进行精细模糊。指定半径可以搜索不同像素进行模糊；指定域值可以确定像素与被消除像素有多大差别；在对话框中也可以指定模糊品质；还可以设置整个选区的模式，或颜色过渡边缘的模式，如图 7-26 所示。

（9）形状模糊：以矢量形状库中的形状样式进行模糊，如图 7-27 所示。

图 7-25　平均 　　　　　　图 7-26　特殊模糊 　　　　　　图 7-27　形状模糊

3. "扭曲"滤镜组

"扭曲"滤镜组中主要是对图像进行几何扭曲、创建 3D 或其他图形效果，如图 7-28 所示。

（1）波浪：产生多种波动效果。该滤镜包括 Sine（正弦波）、Triangle（锯齿波）或 Square（方波）3 种类型，如图 7-29 所示。

（2）波纹：可以通过将图像像素移位进行图像变换，或者对波纹的数量和大小进行控制，从而生成波纹效果，如图 7-30 所示。

图 7-28　"扭曲"滤镜组 　　　　图 7-29　波浪 　　　　　　图 7-30　波纹

（3）极坐标：可以将选择的选区从平面坐标转换为极坐标，或将选区从极坐标转换为平面坐标，从而产生扭曲变形的图像效果，如图 7-31 所示。

（4）挤压：挤压选区，如图 7-32 所示。

（5）切变：沿曲线扭曲图像，如图 7-33 所示。

图 7-31　极坐标 　　　　　图 7-32　挤压 　　　　　图 7-33　切变

（6）球面化：使图像产生扭曲并伸展在球体上，如图 7-34 所示。

（7）水波：可以使图像生成类似池塘波纹和旋转的效果，适用于制作同心圆类的波纹效果，如图 7-35 所示。

（8）旋转扭曲：使图像中心产生旋转效果，如图 7-36 所示。

图 7-34　球面化 　　　　　图 7-35　水波 　　　　　图 7-36　旋转扭曲

4."锐化"滤镜组

"锐化"滤镜组通过增加相邻像素的对比度而使模糊的图像清晰，如图 7-37 所示。这里只介绍 USM 锐化。USM 锐化可以调整边缘细节的对比度，并在边缘的每侧制作一条更亮或更暗的线，以强调边缘，产生更清晰的图像幻觉，如图 7-38 所示。

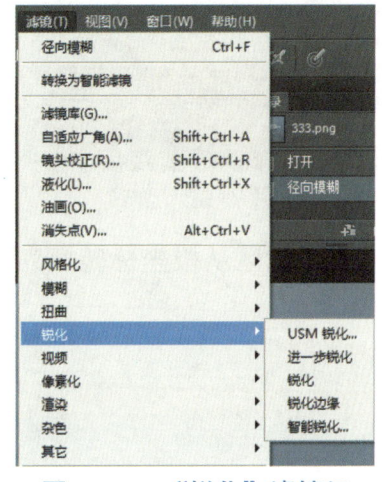

图 7-37　"锐化"滤镜组 　　　　　图 7-38　USM 锐化

项目 7　滤镜的应用

5. "像素化"滤镜组

"像素化"滤镜组主要是使单元格中相近颜色的像素结成块，以重新定义图像或选区，从而产生晶格化、点状化及马赛克等特殊效果，如图 7-39 所示。

（1）彩块化：将纯色或相似颜色的像素结块为彩色像素块。使用该滤镜可以使图像看起来像是手绘的，如图 7-40 所示。

（2）彩色半调：在图像的每个通道上使用放大的半调网屏的效果。对于每个通道，该滤镜均将图像划分为矩形，并用圆形替换每个矩形。圆形的大小与矩形的亮度成比例。选择"滤镜"→"像素化"→"彩色半调"命令，弹出"彩色半调"对话框，如图 7-41 所示，其效果如图 7-42 所示。

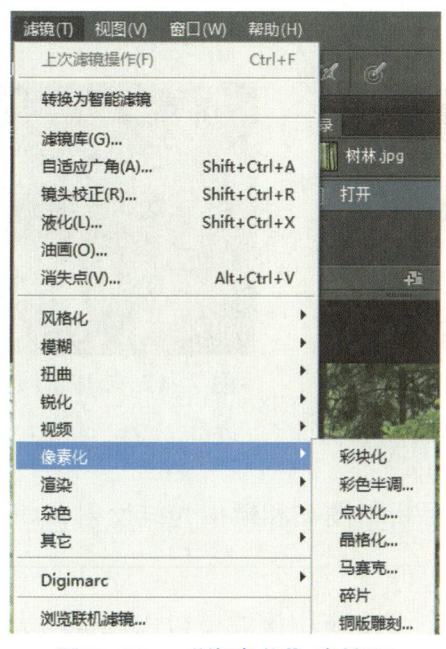

图 7-39　"像素化"滤镜组

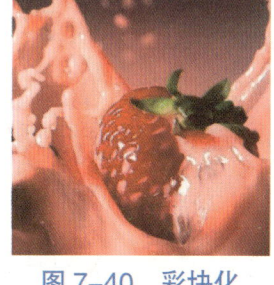

图 7-40　彩块化

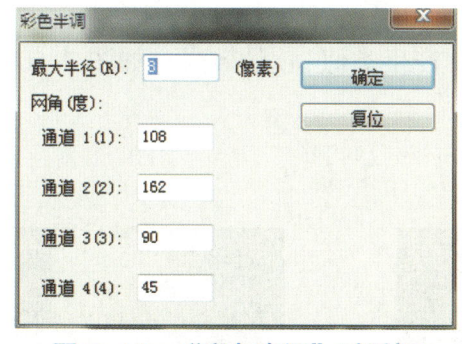

图 7-41　"彩色半调"对话框

图 7-42　彩色半调

（3）点状化：将图像中的颜色分散为随机分布的网点，如图 7-43 所示。

（4）晶格化：将像素结块为纯色多边形，如图 7-44 所示。

图 7-43　点状化 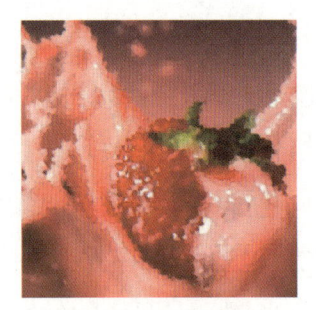　　　　　　　　图 7-44　晶格化

（5）马赛克：将像素结块为方块，每个方块内的像素颜色相同，如图 7-45 所示。

（6）碎片：将图像中像素创建 4 份备份，平均后使它们互相偏移，如图 7-46 所示。

（7）铜版雕刻：将灰度图像转换为黑白区域的随机图案，将彩色图像转换为全饱和颜色随机图案，如图 7-47 所示。

图 7-45　马赛克 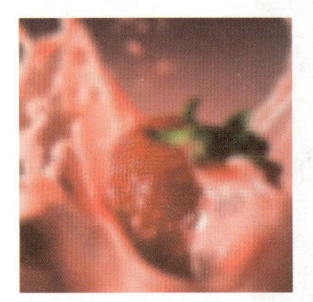　　　　　　图 7-46　碎片 　　　　　　图 7-47　铜板雕刻

6. "渲染"滤镜组

"渲染"滤镜组在图像中创建 3D 图形、云彩图案、折射图案和模拟光线反射，如图 7-48 所示。

（1）分层云彩：与"云彩"滤镜的效果大致相同。多次应用该滤镜可以创建与大理石花纹相似的横纹和脉络图案，如图 7-49 所示。

（2）光照效果：该滤镜是一个强大的灯光效果制作滤镜，可以在 RGB 图像上产生无数种光照效果，还可以使用灰度文件的纹理（称为凹凸图）产生类似 3D 的效果，如图 7-50 所示。

图 7-48　"渲染"滤镜组 　　　　图 7-49　分层云彩 　　　　图 7-50　光照效果

（3）镜头光晕：可以模拟亮光照在相机镜头所产生的折射，如图 7-51 所示。

（4）纤维：使用灰度文件或文件的一部分填充选区，如图 7-52 所示。

（5）云彩：使用前景色和背景色随机产生柔和的云彩图案，如图 7-53 所示。

图 7-51　镜头光晕 　　　　　　图 7-52　纤维 　　　　　　图 7-53　云彩

7."杂色"滤镜组

"杂色"滤镜组提供了 5 种滤镜，即减少杂色、蒙尘与划痕、去斑、添加杂色和中间值，它可以添加或去掉图像中的杂色，创建不同寻常的纹理或去掉图像中有缺陷的区域，如图 7-54 所示。

（1）减少杂色：改变图像中的一些像素，起到减少色彩的作用。

（2）蒙尘与划痕：通过改变不同的像素来减少杂色。

（3）去斑：模糊图像中除边缘外的区域，这种模糊可以去掉图像中的杂色同时保留细节。

（4）添加杂色：在图像中添加随机像素点，模仿高速胶片上捕捉画面的效果。选择"滤镜"→"杂色"→"添加杂色"命令，弹出"添加杂色"对话框，如图 7-55 所示。该对话框中的"数量"数值框用于设置在图像中添加杂色的数量；单击"平均分布"单选按钮，会使用随机数值（0 加上或减去指定数值）分布杂色的颜色值以获得细微的效果；单击"高斯分布"单选按钮，会沿一条曲线分布杂色的颜色以获得斑点效果；勾选"单色"复选框，将仅应用图像中的色调元素，不添加其他色彩。

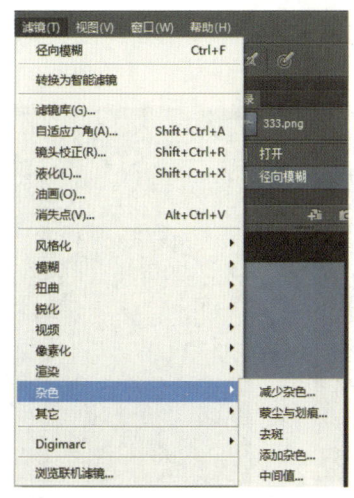

图 7-54　"杂色"滤镜组 　　　　　　图 7-55　"添加杂色"对话框

使用"添加杂色"滤镜前、后的效果如图 7-56 所示。

图 7-56　使用"添加杂色"滤镜前、后的效果
（a）使用前；（b）使用后

（5）中间值：通过混合选区内像素的亮度来减少图像中的杂色。该滤镜对于消除或减弱图像的动感效果非常有用，也可以用于去除有划痕的扫描图像中的划痕。

8. "其他"滤镜组

"其他"滤镜组如图 7-57 所示。

（1）高反差保留：可以在图像中颜色明显的过渡处，保留指定半径内的边缘细节，并隐藏图像的其他部分。该滤镜可以去掉图像中低频率的细节，与"Gawssian Bler"滤镜效果相反，如图 7-58 所示。

（2）位移：该滤镜可以将图像垂直或水平移动一定距离，在选取的原位置保留空白，如图 7-59 所示。

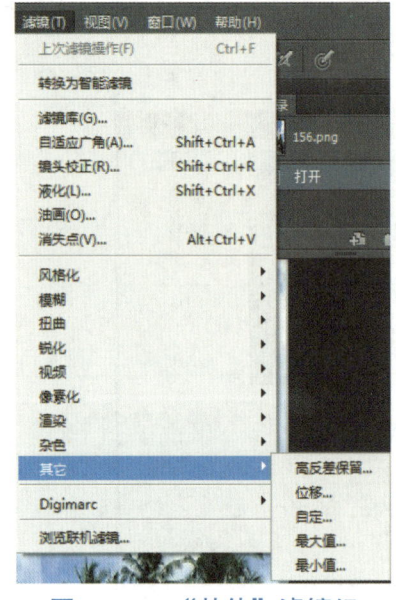

图 7-57　"其他"滤镜组　　　图 7-58　高反差保留　　　图 7-59　位移

(3) 最大值：具有收缩的效果，可以向外扩展白色区域，收缩黑色区域。"最大值"滤镜查看图像中的单个像素。在指定半径内，"最大值"滤镜用周围像素中最大的亮度值替换当前像素的亮度值，原图如图 7-60 所示，使用"最大值"滤镜的效果如图 7-61（a）所示。

(4) 最小值：具有收缩的效果，可以向外扩展白色区域，收缩黑色区域。使用"最小值"滤镜的效果如图 7-61（b）所示。

图 7-60　原图

图 7-61　最大值和最小值
(a) 最大值；(b) 最小值

实现步骤

(1) 在 Photoshop CC 2022 中打开图 7-1。

(2) 单击"图层"调板下的"创建新图层"按钮，添加新的图层。双击新添加的图层名称"图层 1"，将其重命名为"雾"。

(3) 单击工具栏中的切换前景色和背景色按钮，使前景色为白色，背景色为黑色。

(4) 选择"滤镜"→"渲染"→"云彩"命令，形成云彩，如图 7-62 所示。可按"Alt+Ctrl+F"组合键再次执行该滤镜命令，反复使用直到出现需要的效果。

图 7-62　滤镜形成的云彩效果

(5) 将"雾"图层的混合模式改为"强光"，如图 7-63 所示，使其更自然地形成雾笼罩的效果，如图 7-64 所示。

图 7-63　将混合模式改为"强光"　　　　图 7-64　雾笼罩的效果

（6）选择工具栏中的橡皮擦工具，单击"画笔预设"按钮，在弹出的面板中选择"喷枪柔边圆 65"，如图 7-65 所示。删除雾中的黑色部分，效果如图 7-66 所示。

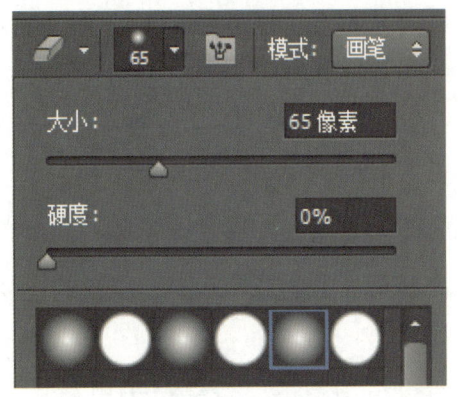

图 7-65　画笔预设　　　　图 7-66　删除雾中黑色部分的效果

（7）这样就得到"雾起云涌"效果，如图 7-2 所示。选择"文件"→"存储"命令，将其命名为"雾起云涌.psd"进行保存。

提　示

本任务通过"渲染"滤镜组及更改图层混合模式来形成自然的雾效，制作"雾起云涌"效果。本任务将"雾"图层的混合模式设置为"强光"，若将其设置为"滤色"，也可以形成不同的雾效。

练习巩固

（1）通过"光照效果"滤镜制作凸起效果，然后用"色彩平衡"命令调整，制作金属文字效果，如图 7-67 所示。

图 7-67　金属文字效果

（2）通过运用"极坐标"滤镜将图 7-68 所示"建筑"素材圈起来，然后用涂抹工具、仿制图章工具进行修饰，效果如图 7-69 所示。

图 7-68　"建筑"素材　　　　　　　　图 7-69　透视效果

任务 7.2　为箱子添加花纹

任务目标

应用"消失点"滤镜为箱子（图 7-70）添加花纹，使单调的箱子成为精美、华丽的样式，如图 7-71 所示。

图 7-70　"箱子"素材

图 7-71　使用"消失点"滤镜后的效果

相关知识

"消失点"滤镜主要用于进行物体的贴图处理，配合"消失点"对话框的工具参数，可以设定物体的变形方式，再通过调整图层的混合模式得到完美的融合效果。

具体的使用方法如下。

（1）准备要在"消失点"滤镜中使用的图像。

①为了将"消失点"滤镜处理的结果放在单独的图层中，需在选取"消失点"命令之前创建一个新图层。将"消失点"滤镜处理的结果放在单个图层中可以保留原始图像，并且可以使用图层不透明度控制样式和混合模式。

②如果打算将某个项目从 Photoshop CC 2022 剪贴板粘贴到"消失点"中，需在选取"消失点"命令之前复制该项目。如果要复制文字，可选择整个文本图层，然后复制到剪贴板中。

③要将"消失点"滤镜处理的结果限制在图像的特定区域内，需在选取"消失点"命令之前建立一个选区或向图像中添加蒙版。

（2）执行"滤镜"→"消失点"命令。

（3）定义平面表面的 4 个角节点。

①选择创建平面工具，在预览图像中单击以定义角节点。在创建平面时，尝试使用图像中的矩形对象作为参考线。

②按住 Ctrl 键并拖动边缘节点以拉出平面。

（4）编辑图像。

①建立选区。在绘制一个选区之后，可以对其进行仿制、移动、旋转、缩放、填充或变换操作。

②从剪贴板粘贴项目。粘贴的项目将变成一个浮动选区，并与它将要移动到的任何平面的透视保持一致。

③使用颜色或样本像素绘画。

（5）单击"确定"按钮。

在单击"确定"按钮之前，可以通过从"消失点"菜单中选择"渲染网格至 Photoshop"命令，将网格渲染至 Photoshop。

实现步骤

（1）打开本项目素材文件夹中名为"消失点 .jpg"的图像文件，单击"图层"调板中的"创建新图层"按钮，新建一个图层，命名为"第一个面"，如图 7-72 所示。

（2）打开"雕花"素材，如图 7-73 所示，执行"选择"→"全选"命令（快捷键"Ctrl+A"），进行花纹的全选，复制素材图片（快捷键"Ctrl+C"），以备后面使用。

图 7-72　创建图层　　　　　图 7-73　"雕花"素材

（3）执行"滤镜"→"消失点"命令，打开"消失点"对话框，如图 7-74 所示。

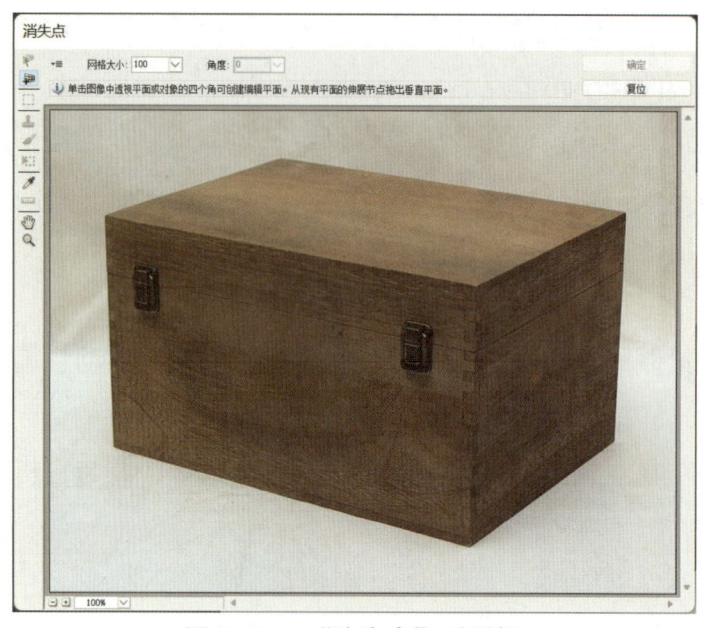

图 7-74 "消失点"对话框

（4）选择创建平面工具，在箱子顶面的位置用单击的方式创建平面网格，如图 7-75 所示。

> **提示**
>
> 创建平面时，可注意观察网格的颜色，如果网格线为红色并且不显示平面，表明所画的平面是错误的，调整出蓝色网格为正确的角度，还可在界面上方设置网格大小，此时界面的网格间距会发生变化。

（5）在完成的"网格"面板中分别放入素材。按"Ctrl+V"组合键把复制在剪贴板上的素材粘贴进来，然后拖到创建的网格里，这样可以自动地适应这个网格。可以通过调整粘贴进来的素材的4个角来调整花纹的大小。完成效果如图 7-76 所示。

图 7-75 创建平面网格

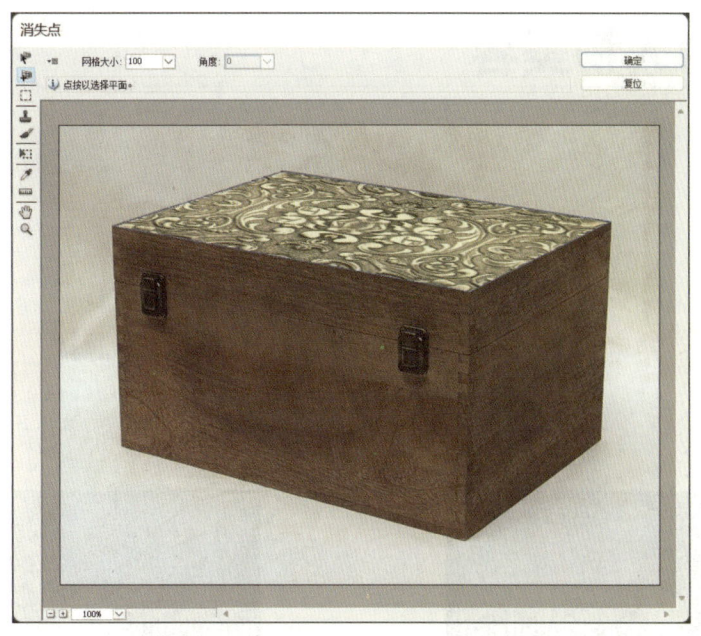

图 7-76 完成效果

(6) 将"第一个面"图层的混合模式设置为"正片叠底"。

(7) 应用同样的方法为箱子的正面和侧面添加花纹，完成最终效果。

练习巩固

使用"消失点"滤镜清除图 7-77 中的杂物，效果如图 7-78 所示。

图 7-77　原图 　　　　　　　　　图 7-78　效果

任务 7.3　为人物美容

任务目标

使用"液化"滤镜为图 7-79 中的人物美容，效果如图 7-80 所示。

图 7-79　人物美容前　　　图 7-80　使用"液化"滤镜美容后的效果

相关知识

除了任务 7.1 介绍的常用滤镜组和任务 7.2 介绍的"消失点"滤镜外，有时还需要用到"液化"滤镜和"Digimarc"滤镜。

1."液化"滤镜

"液化"滤镜可用于对图像进行各种各样的类似液化效果的扭曲变形操作，如推、拉、旋转、反射、折叠和膨胀等；也可以定义扭曲的范围和强度，可以是轻微的变形，也可以是非常夸张的变形；还可以将调整好的变形效果存储起来或载入以前存储的变形效果。因此，"液化"滤镜成为 Photoshop CC 2022 中修饰图像和创建艺术效果的强大工具。

（1）向前变形工具：在拖移时向前推像素。其中画笔大小设置扭曲图像的画笔宽度。

（2）重建工具：对变形进行全部或局部的恢复。

（3）褶皱工具：在按住鼠标或拖移时使像素朝着画笔区域的中心移动，起到收缩图像的作用。

（4）膨胀工具：在按住鼠标或拖移时使像素朝着离开画笔区域中心的方向移动。

（5）左推工具：当垂直向上拖移时，像素向左移动（如果向下拖移，像素向右移动）。也可以围绕对象顺时针拖移以增加其大小，或逆时针拖移以减小其大小。要在垂直向上拖移时向右移动像素（或者要在向下拖移时向左移动像素），可在拖移时按住 Alt 键。

2. "Digimarc" 滤镜

"Digimarc"（作品保护）滤镜主要是为作品的著作权问题而设计的，它用于给图像加入或读取著作权信息。"Digimarc" 滤镜可以将版权信息添加到图像中，并通知用户图像的版权已通过使用 Digimarc PictureMarc 技术的数字水印受到保护。人眼一般看不清这种水印，它是作为杂色添加到图像中的数字代码。水印以数字和打印形式长久保存，并且在经历图像编辑和文件格式转换后仍然存在。当打印出图像然后扫描回计算机时，仍可检测到水印。

在图像中嵌入数字水印可使查看者获得关于图像创作者的完整联系信息。此功能对于将作品授权给他人的图像创作者特别有价值。拷贝带有嵌入水印的图像时，水印和与水印相关的任何信息也被拷贝。

1)"嵌入水印"滤镜

"嵌入水印"滤镜的作用是加入著作权信息。如果是首次使用"嵌入水印"滤镜，在选择"滤镜"→"Digimarc"→"嵌入水印"命令，弹出"嵌入水印"对话框（图 7-81）后，应先单击"个人注册"按钮，打开"个人注册创建程序标识号"对话框，然后单击"注册"按钮，通过 Internet 找到 Digimarc Web 的公司，申请一个给用户专用的许可证号（ID Number），然后在"创建程序标识号"文本框中输入 ID 号码，再单击"好"按钮回到"嵌入水印"对话框。

2)"读取水印"滤镜

"读取水印"滤镜主要用来读取图像中的数字水印。使用时选择"滤镜"→"Digimarc"→"读取水印"命令即可。

图 7-81 "嵌入水印"对话框

实现步骤

（1）打开图 7-79，使用"曲线"命令整体提亮人物肤色，并运用修复画笔工具进行斑点修复，如图 7-82 所示。

（2）选择海绵工具，提高人物嘴唇饱和度，使嘴唇的颜色更加亮丽，如图 7-83 所示。

图 7-82　修复效果 　　　　　　　图 7-83　应用海绵工具的效果

（3）选择"滤镜"→"液化"命令，打开"液化"对话框。

（4）运用向前变形工具，并调整画笔的大小、压力值等，向内推脸部边缘，形成向内收缩的效果，从而达到瘦脸的目的。

> **提示**
>
> 使用向前变形工具的时候，建议设置画笔稍大一些，压力稍小一些，然后在图像中需要瘦脸的部位进行逐步推动，不要一步到位，这样很容易造成人物脸部轮廓不平滑、不自然。

（5）观察图像，对不满意的地方进行细微的调整，完成图像修改操作。

练习巩固

使用"液化"滤镜校正人物（图 7-84）脸型，将人物脸部轮廓修饰得短些，效果如图 7-85 所示。

图 7-84　原图 　　　　　　　图 7-85　效果

项目 8 平面广告设计

知识目标

（1）了解广告的概念及分类。

（2）了解平面广告的构成要素。

（3）掌握平面广告的设计过程。

能力目标

（1）能够根据广告的需求整体规划平面广告，制定方案。

（2）能够根据方案完成平面广告设计。

（3）能够合理搭配平面广告的各个构成元素。

素养目标

（1）培养学生分析问题的能力。

（2）培养学生的整体设计思维。

（3）培养学生良好的审美素养。

（4）培养学生服务家乡、助力三农的意识。

任务 8.1　篮球赛招贴广告设计

任务目标

为篮球赛设计招贴广告，效果如图 8-1 所示。

图 8-1　篮球赛招贴广告

相关知识

广告是为了某种特定的需要，通过一定形式的媒体，公开而广泛地向公众传递信息的宣传手段。

1. 广告的概念

广告有广义和狭义之分，广义的广告包括非经济广告和经济广告。非经济广告指不以营利为目的的广告，又称为效应广告，如政府行政部门、社会事业单位乃至个人的各种公告、启事、声明等，其主要目的是推广；狭义的广告仅指经济广告，又称为商业广告，是指以营利为目的的广告，通常是商品生产者、经营者和消费者之间沟通信息的重要手段，或企业占领市场、推销产品、提供劳务的重要形式，其主要目的是提高经济效益。

就概念而言，"广"是广泛的意思，"告"是告诉、告知的意思，"广告"即"广泛地告知"。广告是借助一定媒体（如电视、报纸、杂志、路牌等）向大众传达一定信息（如文化信息、商品信息等）的一种宣传手段。广告的目的就是让大众了解广告的信息。

2. 广告的类别

根据不同的需要和标准，可以将广告划分为不同的类别。按照广告的最终目的，可将广告分为商业广告和非商业广告；按照广告产品的生命周期，可将广告分为产品导入期广告、产品成长期广告、产品成熟期广告、产品衰退期广告；按照广告内容所涉及的领域，可将广告分为经济广告、文化广告、社会广告等。不同的标准和角度有不同的分类方法，对广告类别的划分并没有绝对的界限，主要是为了提供一个切入的角度，以便更好地发挥广告的功效，更有效地制订广告策略，从而正确地选择和使用广告媒介。

从广义的广告设计来分类，广告又可以分为常见的以下 6 种类型。

1）标志

标志是表明事物特征的记号。它以单纯、显著、易识别的物象、图形或文字符号为直观语言，除表示、代替内容外，还具有表达意义、情感和指令行动等作用。

常见的两种标志如图 8-2 和图 8-3 所示。

图 8-2　字母型标志　　　　图 8-3　图形标志

2）招贴广告

招贴广告又名海报或宣传画，属于户外广告，分布于各处街道、影（剧）院、展览会、商业区、机场、码头、车站、公园等公共场所，在国外被称为"瞬间"的街头艺术。虽然如今广告业发展日新月异，新的理论、新的观念、新的制作技术、新的传播手段、新的媒体形式不断涌现，但招贴广告始终无法被代替，仍然在特定的领域里起到广告宣传的作用，这主要是由它的特征决定的。

常见的两种招贴广告如图 8-4 和图 8-5 所示。

3）报纸广告

报纸广告是指刊登在报纸上的广告。报纸是一种印刷媒介。它的特点是发行频率高、发行量大、信息传递快，因此报纸广告可及时、广泛地发布。报纸广告以文字和图画为主要视觉刺激元素。不像其他广告，如电视广告等受到时间的限制，报纸广告可以反复阅读，便于保存。报纸广告如图 8-6 所示。

图 8-4　公共招贴广告

图 8-5　电影招贴广告

图 8-6　报纸广告

4）DM 广告

DM 广告是通过邮寄、赠送等形式，将宣传品送到消费者手中、家里或公司所在地。DM 广告如图 8-7 所示。

图 8-7　DM 广告

5)包装

包装设计指选用合适的包装材料，运用巧妙的工艺手段，为包装商品进行的容器结构造型和包装的美化装饰设计。包装是品牌理念、产品特性、消费心理的综合反映，它直接影响消费者的购买欲。包装的功能是保护商品、传达商品信息、方便商品使用和运输、促进销售、提高商品附加值。包装如图8-8所示。

6)POP广告

POP广告分为广义和狭义两种。广义的POP广告指在商业空间、购买场所、零售商店的周围、内部及商品陈设的地方所设置的广告物；狭义的POP广告仅指在购买场所和零售店内部设置的展销专柜及在商品周围悬挂、摆放与陈设的，可以促进商品销售的广告物。POP广告如图8-9所示。

图8-8　包装

图8-9　POP广告

3. 平面广告的构成要素

1)标题

标题是表达广告主题的文字内容，应具有吸引力，能使读者注目，引导读者阅读广告正文，观看广告插图。标题是画龙点睛之笔。因此，标题要用较大字号，要被安排在广告最醒目的位置，应注意配合插图造型的需要。

2)正文

正文是说明广告内容的文本，基本上是对标题的发挥。正文具体地叙述事实，文字应使用简洁的日常语言，使读者感到平易近人，从而心悦诚服地信任商品，达到商品促销的目的。正文文字集中，一般被安排在插图的左、右方或上、下方。

3)广告语

广告语是配合广告的标题、正文，加强商品形象的短语。广告语应顺口易记，可反复使用，从而成为"文章标志""言语标志"。广告语必须言简意赅，在设计时可以放置在版面的任何位置。图 8-10 所示为汽车维修广告的广告语。

4）图

图包括插图、照片、漫画等。在平面广告设计中除了运用文字，还要运用图进行视角诉求。在一般情况下，图的视觉冲击力更强。图的形式有黑白画、彩色插画、摄影照片等，其表现形态可以是写实的、漫画的、装饰的、卡通的、变形的、抽象的。图是用视觉艺术手段来传达商品或服务信息的。图的内容要突出商品或服务的个性，通俗易懂、简洁明快，有强烈的视觉冲击力，如图 8-11 所示的芒果广告中的图。图的设计要把表现技法与广告主题密切结合起来，在整体广告策划的引导下进行，发挥有力的诉求效果。

图 8-10 汽车维修广告的广告语

5）标志

标志有商品标志和企业形象标志两类。标志是广告对象借以识别商品或企业的主要符号。在平面广告设计中，标志不是广告版面的装饰物，而是重要的构成要素。在整个广告版面中，标志造型单纯、简洁，其视觉效果强烈，在一瞬间就能被识别，并能给消费者留下深刻的印象。图 8-12 所示为沃柑广告中的标志。

图 8-11 芒果广告中的图　　　　图 8-12 沃柑广告中的标志

6）公司名称

公司名称一般放置在广告版面的次要位置，也可以和商标配置在一起。图 8-13 为螺蛳粉广告中的公司名称。

7）色彩

对平面广告运用色彩的表现力，如同为广告版面穿上漂亮鲜艳的衣服，能增强广告注目效果，如图 8-14 所示。

图 8-13　螺蛳粉广告中的公司名称　　　　图 8-14　色彩增强广告注目效果

从整体上说，有时为了塑造更集中、更强烈、更单纯的广告形象，以加深消费者的认识程度，可针对具体情况，对上述某一个或几个要素进行夸张和强调。

平面广告的诸多要素构成一幅完整的平面广告。平面广告要与商品的生命周期匹配。商品投入市场要先后经历 4 个阶段的生命周期：导入期、成长期、成熟期、衰退期。对于广告活动，在整体广告策划的引导下，导入期、成长期的平面广告必须具备以上全部要素。在这两个时期，消费者对商品从不了解到感兴趣，发展为逐渐认识商品并乐于使用。平面广告设计要根据商品的不同生命周期有不同的侧重点，以加深消费者对商品的认识程度，达到传达商品信息的目的。

4. 广告创意

"创意"一词成为我国广告界最流行的常用词。"创意"从字面上理解是"创造意象之意"，从这一层面进行挖掘，则广告创意是介于广告策划与广告表现制作之间的艺术构思活动，即根据广告主题，经过精心思考和策划，运用艺术手段，对所掌握的材料进行创造性的组合，以塑造一个意象的过程。简而言之，广告创意即广告主题意念的意象化。广告创意的表现最终是以视觉形象来传达的，是通过代表不同词义的形象的组合使创新的含义得以表现，从而构成完整的视觉语言进行信息的传达。

实现步骤

1. 拼合人物图像

（1）首先启动 Photoshop CC 2022，选择菜单栏中的"文件"→"新建"命令，打开"新建"对话框,如图 8-15 所示,设置该对话框;设置完毕后,单击"确定"按钮,关闭"新建"对话框,创建一个名为"招贴广告"的空白文件。

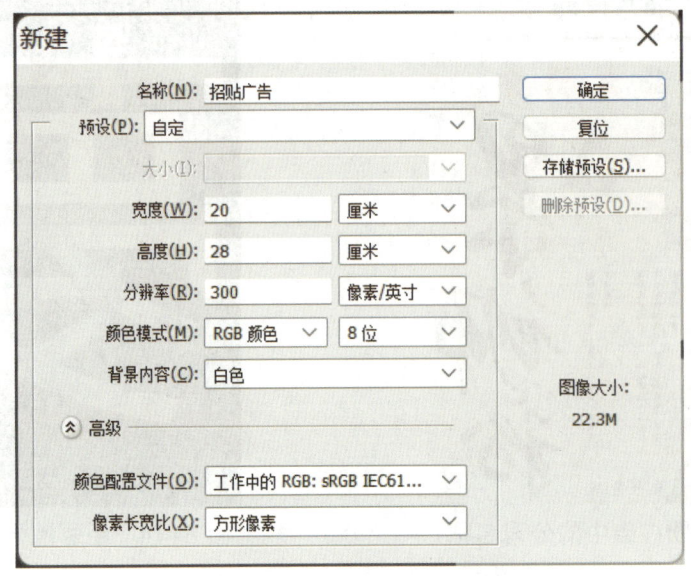

图 8-15 "新建"对话框

(2)打开素材文件,如图 8-16 所示,从左至右依次为"人物 1.jpg""人物 2.jpg"和"人物 3.jpg"。

图 8-16 素材文件

(3)首先激活"人物 1.jpg"文件,在工具箱中选择魔棒工具,使用该工具在"人物 1.jpg"文件的空白区域单击,将图像中的空白区域全部选取,如图 8-17 所示。

(4)在工具箱中,确定前景色为默认状态,按"Alt+Delete"组合键,使用前景色将选区填充。

（5）选择工具箱中的移动工具，使用移动工具将选区中的图像拖移到新建的文件中，创建"图层1"，如图8-18所示。

（6）依据以上制作步骤，制作"人物2.jpg"和"人物3.jpg"文件中的空白图像，并将其拖动到"招贴广告"文件中，分别放置在图8-19所示的位置。

图8-17　选取空白区域　　　图8-18　将图像拖动到新文件中　　　图8-19　制作人物剪影图像

2. 制作装饰色块和装饰线

（1）在"图层"调板中，单击调板底部的"创建新图层"按钮，新建"图层4"。

（2）在工具箱中选择矩形选框工具，按照图8-20所示设置其属性栏，然后使用此工具在视图右端和下端的边缘部分绘制选区。

图8-20　设置矩形选框工具属性栏

（3）确定前景色为黑色后，按"Alt+Delete"组合键，使用前景色将选区填充；填充完毕后，按"Ctrl+D"组合键，取消选区。

（4）在"图层"调板中，单击"创建新的图层"按钮，创建"图层5"，然后将"图层5"拖移到"图层1"的下面。

（5）在工具箱中选择自由钢笔工具，使用此工具绘制图8-21所示的路径。此路径可随意绘制，只要看起来美观、简洁、富有动感即可，切忌烦琐。绘制完成后，按"Ctrl+Enter"组合键，将路径转换为选区。

（6）在工具箱中选择前景色按钮，打开"拾色器"对话框，将颜色调整为蓝色（R35、G24、B252）；按"Alt+Delete"组合键，使用前景色将选区填充；填充完毕后，按"Ctrl+D"组合键，取消选区，效果如图8-22所示。

（7）在"图层"调板中，将"图层5"拖移到调板底部的"创建新图层"按钮处两次，创建"图层5副本"和"图层5副本1"；然后分别对复制图像的颜色、大小进行调整，再

Photoshop 平面设计案例教程

将其交错放置，效果如图 8-23 所示。

图 8-21　绘制路径　　　　　图 8-22　填充选区　　　　　图 8-23　调整图像

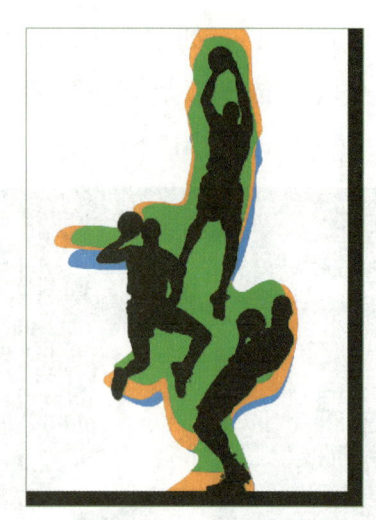

（8）在"图层"调板中，单击调板底部的"创建新图层"按钮，新建"图层 6"。

（9）制作装饰线。在工具箱中，将前景色调整为蓝色（R35，G24，B252）后，选择直线工具，按照图 8-24 所示设置其属性栏。设置完毕后，在按住 Shift 键的同时，在绘图右侧拉出一个带有箭头的直线。

图 8-24　设置直线工具属性栏

（10）依据以上制作装饰线的方法，完成装饰线的制作，效果如图 8-25 所示。

图 8-25　完成装饰线的制作

3. 添加文字信息

（1）使用工具箱中的横排文字工具，在其属性栏中单击"切换字符和段落面板"按钮，打开"字符"面板，按照图 8-26 所示设置"字符"面板。设置完毕后，在视图的底部输入"SPORTER"字样。

（2）在"图层"调板底部单击"添加图层样式"按钮，在弹出的菜单中选择"渐变叠加"命令，打开"图层样式"对话框，为字体制作黑白反向效果。

（3）在"图层"调板底部单击"创建新图层"按钮，创建"图层 7"。

（4）在工具箱中，将前景色设置为黑色，再选择矩形选框工具，使用此工具在视图的左上角绘制一个矩形选区。按"Alt+Delete"组合键，使用前景色将选区填充。填充完毕后，按"Ctrl+D"组合键取消选区，如图 8-27 所示。

图 8-26 设置"字符"面板

（5）单击"图层"调板底部的"添加图层样式"按钮，在弹出的菜单中分别选择"渐变叠加""描边"和"投影"命令，为黑色色块添加"渐变叠加""描边"和"投影"效果。

（6）根据前面学习的设置文字的方法，制作图 8-28 所示的文字，并将其格式化。

图 8-27 填充选区　　　　　　　　图 8-28 制作文字

（7）在视图的右方添加招贴广告的标语，招贴广告制作完成。

练习巩固

在本任务中是使用什么工具创建路径的？

任务 8.2 请柬设计

任务目标

用 Photoshop 为戏曲文化节设计请柬，制作效果如图 8-29 所示。

图 8-29 请柬效果

相关知识

请柬是一种礼仪性书信，它广泛应用于各种会议、典礼、仪式或活动中。请柬的设计不仅要美观、大方，具有艺术性，还要使被邀请的客人感受到被尊重，并且能够切合活动的主题。本任务需要先将像素图像制作成浮雕图案，再进行请柬的制作。

实现步骤

1. 将像素图像制作成浮雕图案

（1）打开"戏曲.jpg"，如图 8-30 所示。

（2）选择"图像"→"模式"→"灰度"命令，将图像转换为灰度模式。

（3）选择"滤镜"→"风格化"→"查找边缘"命令，将图像的边缘突出显示出来，如图 8-31 所示。

图 8-30　打开"戏曲 .jpg"

图 8-31　突出显示图像边缘

（4）选择"图像"→"模式"→"RGB 颜色"命令，将图像转换为 RGB 色彩模式。

（5）在"通道"调板上复制"蓝"通道为"蓝 副本"通道，如图 8-32 所示。

（6）选中"蓝 副本"通道，选择"图像"→"调整"→"色阶"命令，弹出"色阶"对话框，具体调整如图 8-33 所示。单击"确定"按钮。

图 8-32　复制"蓝"通道

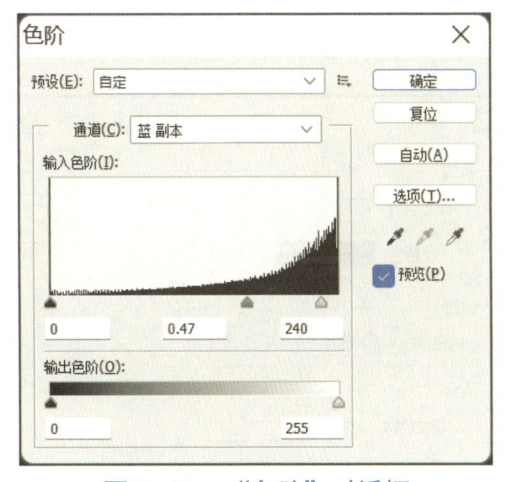

图 8-33　"色阶"对话框

（7）选中"蓝 副本"通道，单击调板底部的 ○ 按钮，将"蓝 副本"通道载入选区，如图 8-34 所示。

（8）回到"图层"调板，添加"图层 1"，如图 8-35 所示。

图 8-34 将"蓝 副本"通道载入选区

图 8-35 添加"图层 1"

（9）选择"编辑"→"描边"命令，弹出"描边"对话框，如图 8-36 所示，单击"确定"按钮，为选区描 1 像素的黑边，效果如图 8-37 所示，然后取消选区。

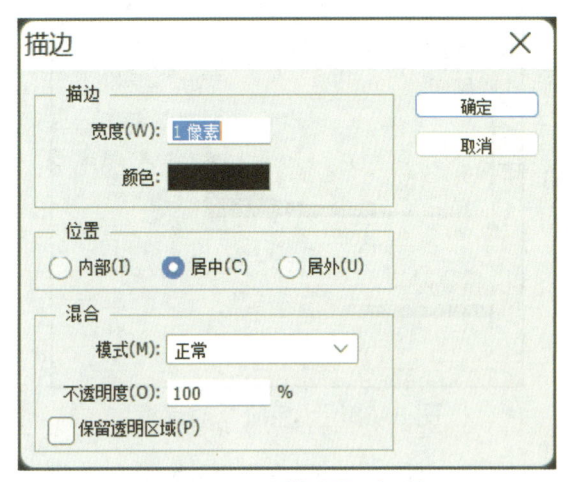

图 8-36 "描边"对话框

图 8-37 为选区描边

（10）将其存储为"请柬戏曲人物.psd"文件备用。

2. 制作请柬

（1）新建一个文件，名称为"请柬"，具体尺寸如图 8-38 所示。

（2）在"图层"调板上添加新图层，命名为"封底"。在工具箱中选择矩形选框工具，绘制与文件大小相同的矩形，如图 8-39 所示。

项目 8　平面广告设计

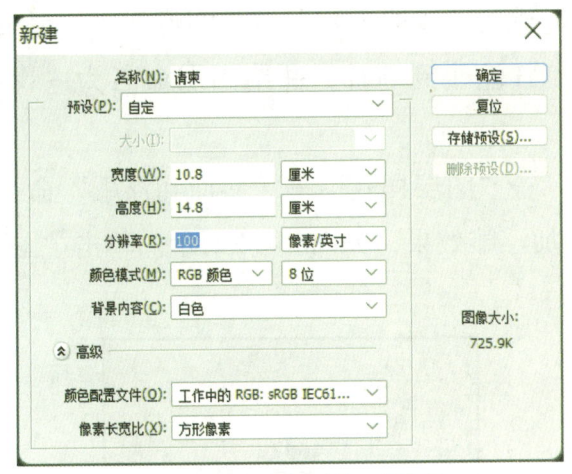

图 8-38　"新建"对话框

图 8-39　绘制矩形选区

（3）将前景色设置为 RGB（222，202，202），在工具箱中选择油漆桶工具，单击选区，为选区填充前景色，如图 8-40 所示，然后取消选区。

（4）在工具箱中选择钢笔工具，绘制封面的形状路径，如图 8-41 所示。可将工作路径存储为"路径 1"。

图 8-40　为选区填充前景色

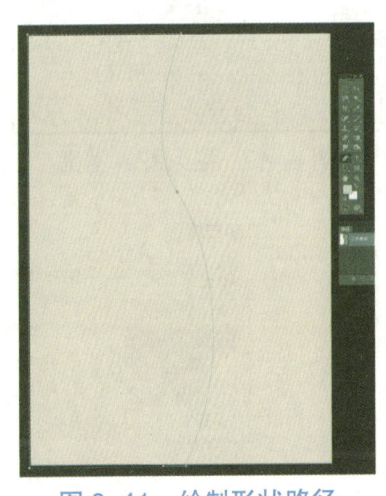

图 8-41　绘制形状路径

（5）在"路径"调板上选中"路径 1"，单击调板底部的 按钮，将路径转换为选区。回到"图层"调板，在"图层"调板上添加新图层，命名为"封面"。

（6）将前景色设置为 RGB（202，206，206），使用油漆桶工具，将前景色填充到"封面"图层中，然后取消选区。

（7）打开矢量花卉，在工具箱中选择移动工具，将花卉拖移到"请柬"文件中，如图 8-42 所示。按"Ctrl+T"组合键，缩小花卉。

（8）在工具箱中选择魔棒工具，取消勾选其属性栏上的"连续"复选框，在图像的白色区域中单击，创建选区，然后按 Delete 键删除选区内容，最后只留下黑色的线条，如图 8-43 所示。

（9）将"花卉"图层的顺序调整到"封面"图层与"封底"图层之间。

（10）在工具箱中选择移动工具，将已制作完成的"戏曲人物"线条图像拖入"请柬"文件，按"Ctrl+T"组合键，在属性栏上将 W 和 H 缩小到 60%，并给图层命名为"戏曲人物"。

（11）选中"戏曲人物"图层，选择"图层"→"图层样式"→"斜面和浮雕"命令，在弹出的"图层样式"对话框中，给戏曲人物添加浮雕效果，如图 8-44 所示。单击"图层样式"对话框中的"确定"按钮。

图 8-42　拖入花卉图案　　　　　　　　　图 8-43　删除选区

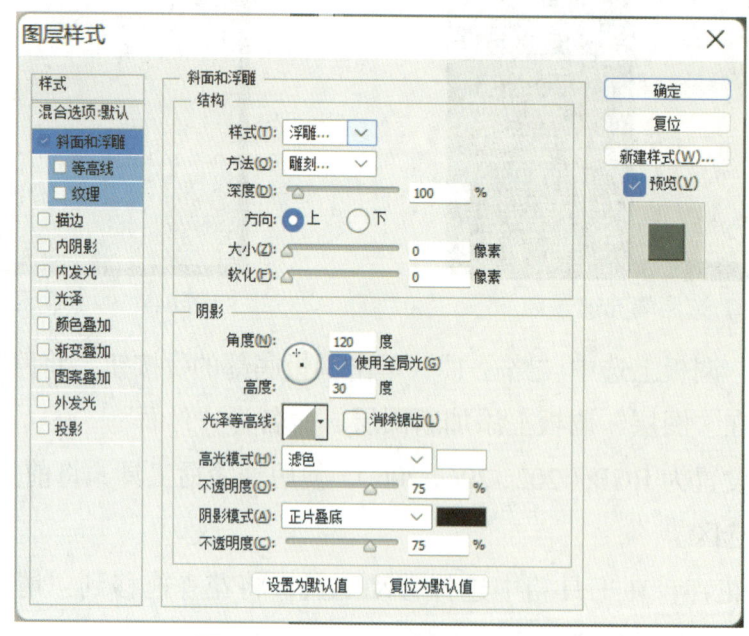

图 8-44　"图层样式"对话框

（12）将"戏曲人物"图层的混合模式改为"叠加"。

（13）在工具箱中选择文字工具，在图像中输入文字，字体、字号自定。

（14）在"图层"调板中选中"封面"图层，选择"图层"→"图层样式"→"投影"

命令，在弹出的"图层样式"对话框中，给"封面"图层添加"投影"效果。

（15）将"封面""戏曲人物"和"请柬"3个图层合并，然后选择"编辑"→"变形"→"扭曲"命令，将封面做出"扭曲变形"效果，如图8-45所示。

图8-45 合并图层并做扭曲变形效果

练习巩固

绘制红酒瓶和红酒标签，并添加其他商品元素实现红酒包装的最终效果，如图8-46所示。

图8-46 红酒包装效果

附录　Photoshop 快捷键大全

附表 1　文件操作快捷键

命令	快捷键	命令	快捷键
新建图形文件	Ctrl+N	另存为	Ctrl+Shift+S
用默认设置创建新文件	Ctrl+Alt+N	存储副本	Ctrl+Alt+S
打开已有的图像	Ctrl+O	页面设置	Ctrl+Shift+P
打开为	Ctrl+Alt+O	打印	Ctrl+P
关闭当前图像	Ctrl+W	打开预置对话框	Ctrl+K
保存当前图像	Ctrl+S	—	—

附表 2　编辑操作快捷键

命令	快捷键	命令	快捷键
还原→重做前一步操作	Ctrl+Z	从中心或对称点开始变换（在自由变换模式下）	Alt
还原两步以上操作	Ctrl+Alt+Z	限制（在自由变换模式下）	Shift
重做两步以上操作	Ctrl+Shift+Z	扭曲（在自由变换模式下）	Ctrl
剪切选取的图像或路径	Ctrl+X	取消变形（在自由变换模式下）	Esc
复制选取的图像或路径	Ctrl+C	自由变换复制的像素数据	Ctrl+Shift+T
复制合并图层后选取的图像或路径	Ctrl+Shift+C	再次变换复制的像素数据并建立一个副本	Ctrl+Shift+Alt+T

续表

命令	快捷键	命令	快捷键
将剪贴板的内容粘贴到当前图形中	Ctrl+V	用前景色填充所选区域或整个图层	Alt+BackSpace 或 Alt+Del
将剪贴板的内容粘贴到选框中，并以展现选框的方式产生遮罩	Ctrl+Shift+V	用背景色填充所选区域或整个图层	Ctrl+BackSpace 或 Ctrl+Del
将剪贴板的内容粘贴到选框中，并以隐藏选框的方式产生遮罩	Ctrl+Shift+Alt+V	弹出"填充"对话框	Shift+BackSpace 或 Shift+F5
自由变换	Ctrl+T	用前景色填充当前层的不透明区域	Shift+Alt+Del
从历史记录中填充	Alt+Ctrl+Backspace	—	—

附表 3　选择功能快捷键

命令	快捷键	命令	快捷键
全部选取	Ctrl+A	反向选择	Ctrl+Shift+I 或 Shift+F7
取消选择	Ctrl+D	路径变选区	数字键盘的 Enter
恢复最后的那次选择	Ctrl+Shift+D	载入选区	Ctrl+ 单击图层、路径、通道面板中的缩略图
羽化选择	Ctrl+Alt+D 或 Shift+F6	载入对应单色通道的选区	Ctrl+Alt+ 数字

附表 4　视图操作快捷键

命令	快捷键	命令	快捷键
显示彩色通道	Ctrl+~	放大视图并适应视窗	Ctrl+Alt++
显示对应的单色通道	Ctrl+ 数字	缩小视图并适应视窗	Ctrl+Alt+−
打开→关闭色域警告	Ctrl+Shift+Y	满画布显示	Ctrl+0
放大视图	Ctrl++	实际像素显示	Ctrl+Alt+0
缩小视图	Ctrl+−	—	—

附表5　工具操作快捷键

命令	快捷键	命令	快捷键
矩形、椭圆选框工具	U	污点修复工具	J
裁剪工具	C	画笔	B
移动工具	V	橡皮图章、图案图章工具	S
套索、多边形套索、磁性套索工具	L	历史记录画笔工具	Y
魔棒工具	W	橡皮擦工具	E
旋转视图工具	R	路径选取工具	A
减淡、加深、海绵工具	O	文字、文字蒙版、直排文字、直排文字蒙版工具	T
钢笔、自由钢笔、磁性钢笔工具	P	油漆桶工具	G
添加锚点工具	+	吸管、颜色取样器	I
缩放工具	Z	切换前景色和背景色	X
默认前景色和背景色	D	—	—

附表6　图层操作快捷键

命令	快捷键	命令	快捷键
从对话框新建一个图层	Ctrl+Shift+N	将当前层下移一层	Ctrl+[
以默认选项建立一个新的图层	Ctrl+Alt+Shift+N	将当前层上移一层	Ctrl+]
通过复制建立一个图层	Ctrl+J	将当前层移到最下面	Ctrl+Shift+[
通过剪切建立一个图层	Ctrl+Shift+J	将当前层移到最上面	Ctrl+Shift+]
与前一图层编组	Ctrl+G	激活下一个图层	Alt+[
取消编组	Ctrl+Shift+G	激活上一个图层	Alt+]
向下合并或合并连接图层	Ctrl+E	激活底部图层	Shift+Alt+[
合并可见图层	Ctrl+Shift+E	激活顶部图层	Shift+Alt+]
盖印或盖印连接图层	Ctrl+Alt+E	调整当前图层的不透明度	（当前工具为无数字参数的，如移动工具）0~9
盖印可见图层	Ctrl+Alt+Shift+E	—	—

附表 7　图层混合模式快捷键

命令	快捷键	命令	快捷键
循环选择混合模式	Alt+- 或 +	变亮	Ctrl+Alt+G
正常	Ctrl+Alt+N	差值	Ctrl+Alt+E
阈值（位图模式）	Ctrl+Alt+L	排除	Ctrl+Alt+X
溶解	Ctrl+Alt+I	色相	Ctrl+Alt+U
背后	Ctrl+Alt+Q	饱和度	Ctrl+Alt+T
清除	Ctrl+Alt+R	颜色	Ctrl+Alt+C
正片叠底	Ctrl+Alt+M	光度	Ctrl+Alt+Y
屏幕	Ctrl+Alt+S	去色	海绵工具+Ctrl+Alt+J
叠加	Ctrl+Alt+O	加色	海绵工具+Ctrl+Alt+A
柔光	Ctrl+Alt+F	暗调	减淡→加深工具+Ctrl+Alt+W
强光	Ctrl+Alt+H	中间调	减淡→加深工具+Ctrl+Alt+V
颜色减淡	Ctrl+Alt+D	高光	减淡→加深工具+Ctrl+Alt+Z
颜色加深	Ctrl+Alt+B	—	—
变暗	Ctrl+Alt+K	—	—

附表 8　其他快捷键

命令	快捷键	命令	快捷键
帮助	F1	隐藏→显示"颜色"面板	F6
剪切	F2	隐藏→显示"图层"调板	F7
复制	F3	隐藏→显示"信息"面板	F8
粘贴	F4	隐藏→显示"动作"面板	F9
隐藏→显示"画笔"面板	F5	恢复	F12

参考文献

[1] 巩晓秋，刘昕辉. Photoshop 图形图像处理技术［M］. 北京：北京交通大学出版社，2008.

[2] 郝军启，刘治国. Photoshop CS3 中文版图像处理标准教程［M］. 北京：清华大学出版社，2008.

[3] 洪光，赵倬. Photoshop CS3 图形图像处理案例教程［M］. 北京：北京大学出版社，2009.

[4] 刘艳飞. 基于工作过程系统化——Photoshop 设计与应用教程［M］. 北京：北京理工大学出版社，2011.

[5] 王铁军. Photoshop 平面设计岗位项目制作［M］. 北京：科学出版社，2018.

[6] 张晓景. 7 天精通 Photoshop CS5 UI 交互设计［M］. 北京：电子工业出版社，2012.

[7] 周明明，王思义. Photoshop 创意平面广告设计达人之旅［M］. 上海：上海交通大学出版社，2017.